Lutz Herkenrath

Böse Mädchen kommen in die Chefetage

Lutz Herkenrath

BÖSE MÄDCHEN
kommen in
die Chefetage

*Strategien für mehr
Durchsetzungsvermögen*

ARISTON α

Verlagsgruppe Random House FSC-DEU-0100
Das für dieses Buch verwendete FSC®-zertifizierte Papier
Super Snowbright liefert Hellefoss AS, Hokksund, Norwegen.

Bibliografische Information der Deutschen Bibliothek

Die Deutsche Bibliothek verzeichnet diese Publikation
in der Deutschen Nationalbibliografie; detaillierte bibliografische Daten
sind im Internet unter http://dnb.ddb.de abrufbar.

Umschlaggestaltung: Büro Überland, Schober & Höntzsch,
unter Verwendung eines Motivs von gettyimages/Plush Studios
Illustrationen: Nicola Maier-Reimer
Satz: EDV-Fotosatz Huber/Verlagsservice G. Pfeifer, Germering
Druck und Bindung: GGP Media GmbH, Pößneck
Printed in Germany 2012

ISBN 978-3-424-20065-2

INHALT

VORWORT

Sehr geehrte Leserin,

Sie werden sich vielleicht wundern, warum ausgerechnet ein Mann ein Handbuch schreibt, das Frauen starkmachen soll. »Warum macht er das?«, werden Sie vielleicht fragen.

Nun, die Antwort ist ganz einfach: Weil ich Sehnsucht habe nach starken Frauen, Freude habe an autonomen, unabhängigen, kampfeslustigen Frauen. Weil ich finde, die Welt wird dadurch bunter. Menschlicher. Lebendiger. Und erfolgreicher.

Sie merken schon: Das ist kein objektives Buch. Und das will es auch gar nicht sein. Im Gegenteil: Ich biete Ihnen meine subjektive Sicht der Dinge an. So wie ich Theater- und Filmrollen spiele: völlig subjektiv. Oder haben Sie schon mal versucht, zum Beispiel eine »Intrigantin« oder eine »Schlampe« objektiv zu spielen? Das wird nicht gehen. Aber ich habe in meinen über 25 Berufsjahren als Schauspieler entdeckt: Je persönlicher ich eine Rolle angehe, desto mehr Menschen können damit etwas anfangen. Am Theater nennen wir das *universeller machen*. Und das ist meine Hoffnung: Dass Sie mit meiner Sicht der Dinge etwas anfangen können.

Ich finde, ich bin in meinem Leben reich beschenkt worden. Zuerst habe ich meine Liebe zum Theater entdecken dürfen (dazu später mehr), und dann habe ich viele Jahre später, um genau zu sein 2005, durch hartnäckiges Zureden eines guten Freundes von mir, Professor Weidner, überraschend festgestellt, dass ich sehr viel von meiner Schauspielerfahrung als

Trainer in Managementseminaren anwenden kann. Unter anderem sehr häufig in »Die Peperoni-Strategie«, das ist ein Seminar zur Förderung der Durchsetzungsstärke und zum positiven Einsatz der Aggression, das er vor über 15 Jahren entwickelt hat.

Sehr geholfen hat mir dabei, dass ich schon seit vielen Jahren hauptsächlich mit »bösen« Rollen im Fernsehen und auf der Bühne besetzt worden bin. So habe ich im Lauf meiner Karriere schon so ziemlich alle finsteren Ecken der menschlichen Existenz durchleuchten dürfen, sei es als Mörder, Vergewaltiger, Nazi, Bombenleger ... Warum ausgerechnet ich immer wieder die gleichen fiesen Rollen bekommen habe? Der Grund ist ziemlich simpel: Ich hab es einmal gut gemacht, danach wollten sie alle Ähnliches. Und so bin ich zum Fachmann geworden. Außerdem sind Männer »mit ohne Haare« nie die Guten. Selbst Heiner Lauterbach bekommt ein Haarteil verpasst, wenn er »der Gute« ist. Tja, Sehgewohnheiten.

Als Trainer und Coach bekam ich schon sehr bald Anfragen, ob ich mir vorstellen könnte, auch *reine* Frauenseminare zu veranstalten. Neugierig sagte ich zu und erfuhr, dass Frauen doch im Kern andere Schwierigkeiten in puncto Durchsetzungsfähigkeit haben als Männer. Und dass sich die weiblichen Probleme, die Verhinderungsstrategien der Frauen, verblüffend ähneln, egal, ob ich das Seminar in Deutschland, der Schweiz oder in Österreich durchführe.

Die immer wieder berührenden Beispiele, wie Frauen sich ihre Kraft zurückerobern, haben mich dazu bewogen, diese Informationen weiterzugeben. Auch meine Erfahrungen als Mann in dieser ja immer noch männerdominierten Berufswelt sind mir da sehr nützlich.

Sie werden bei mir keine ausführlichen Verweise auf wissenschaftliche Untersuchungen finden. Diese Aufzählungen dienen nur der Legitimation einer These, die nicht an sich selber glaubt. Mich hat so eine Art der Beweisführung noch nie überzeugt: Entweder ich finde einen Ansatz einleuchtend, dann werde ich mich auch weiter damit beschäftigen. Oder ich kann es nicht glauben, was da erzählt wird, dann werden mich auch zahlreiche empirische Belege nicht überzeugen. Mit Untersuchungen kann man schließlich alles beweisen! Sie werden schnell rauskriegen, ob Sie mit meiner Sicht der Dinge etwas anfangen können; wenn ja, sind Sie eingeladen, weiterzugehen. Wenn nein, werden Sie das Buch mit Sicherheit nach einigen Seiten weglegen. Auch Unmengen von stichhaltigsten Beweisen werden daran nichts ändern.

Auch wenn die einzelnen Kapitel dieses Buches aufeinander aufbauen, schlage ich Ihnen vor, dass Sie sich zunächst mal die Überschriften durchlesen und dann mit dem Thema anfangen, das Sie am stärksten anzieht/betrifft/neugierig macht. Der Rest folgt dann Ihrem Bedürfnis und Ihrer Intuition – wenn Sie mögen.

Um Tendenzen deutlich zu machen, werde ich oft von »den« Frauen beziehungsweise »den« Männern sprechen. Ich bin mir bewusst, dass eine generelle Pauschalisierung immer problematisch ist; selbstverständlich gibt es Ausnahmen. Aber es ist für viele Fragestellungen sinnvoll, darauf zu schauen, was denn wohl die Mehrzahl der Frauen tut beziehungsweise nicht tut. Also werde ich oft, aber nicht immer, von den *meisten* Frauen oder Männern reden. Um Wiederholungen zu vermeiden, werde ich es aber nicht jedes Mal betonen.

Die Rituale der meist männlichen Alphatiere bestimmen das Klima und die Kriterien in unserer Berufswelt, nach denen die Mitarbeiter behandelt und befördert beziehungsweise nicht befördert werden. Das müssen wir nicht gut finden; eine Tatsache bleibt es trotzdem. Vielleicht gelingt es mir als Mittler zwischen den Welten, bei Ihnen ein bisschen mehr Verständnis für diese Rituale und die meist verborgen gehaltenen Schwachstellen der Alphatiere zu wecken. Damit Sie erfolgreicher in dieser immer noch männerdominierten Berufswelt werden. Damit Sie (noch) effizienter kommunizieren. Und damit Sie mehr auf Ihre verborgenen Botschaften achten können, die Ihnen so oft das Spiel verderben.

Wenn Sie zusammen mit anderen Frauen dann die Mehrheit der Chefsessel erobert haben, können Sie ja die Spielregeln so ändern, wie Sie es für richtig halten – aber erst dann.

SIND SIE BEREIT, IN DEN RING ZU STEIGEN?

DIE SPIELREGELN

In meine Kraft gehen
Ein Schlüsselerlebnis

Wir alle tragen gewaltige Potenziale in uns. Unser Leistungsvermögen, unsere Kreativität, unsere Durchsetzungskraft: Der Mensch trägt eine gigantische Ausbaureserve in sich, die er nicht mal ansatzweise nutzt. Allein von unseren grauen Hirnzellen verwenden wir im besten Falle 10 Prozent – das heißt mindestens 90 Prozent liegen brach und werden nicht eingesetzt. Ähnlich ist es mit unseren Gefühlen: Wir sortieren sie in »gute« und »schlechte« Gefühle und deckeln die schlechten – und damit entziehen wir uns eine der stärksten Antriebskräfte.

Was diese nicht akzeptierten Gefühle angeht, hatte ich vor etlichen Jahren ein Schlüsselerlebnis, das mich bis heute begleitet:

Während meiner Anfängerzeit als Schauspieler in einer Phase längerer Arbeitslosigkeit (Schauspieler kennen immer nur Arbeitslosigkeit oder völlige Arbeitsüberlastung) besuchte ich ein sehr toughes, sehr amerikanisches Seminar, in dem es kurz gesagt um »Exzellenz und Meisterschaft im Leben« ging. Vieles in dem Seminar war belanglos, aufgeblasen und aufgesetzt, aber eine Sache war dabei, die werde ich nie vergessen:

Zu der Frage »Was will ich im Leben erreichen?« sollten wir unsere selbst gesteckten Ziele möglichst konkret formulieren. Also nicht nur, wie in meinem Fall: »Ich will wieder Arbeit haben«, sondern handfest: »Vollbeschäftigung für Lutz Herkenrath.« – Und wie soll die aussehen? – »Mindestens fünf Drehtage pro Monat.« (Für einen freiberuflichen Schauspieler, auch wenn es wenig klingt, ist das sehr viel, weil umfassende vorbereitende Arbeiten damit verbunden sind.)

Nun bat mich die Seminarleiterin, mich vor die Gruppe zu stellen und dieses Ziel als mein Ziel zu verkünden. Und zwar nicht als wohlmeinende Absichtserklärung: »Ich will versuchen …«, sondern als Verpflichtung: »Ich werde ab nächsten Monat mindestens fünf Drehtage pro Monat bekommen.«

Ich stand mit klopfendem Herzen vor der Gruppe. Wie sollte ich das anfangen? Das war doch völlig unrealistisch! Ich dachte: »Das geht doch gar nicht! Also ich werde hier nicht lügen, ich werde hier nicht so tun als ob, nur damit diese komische Seminarleiterin ihr Erfolgserlebnis hat, ich mach diesen ganzen amerikanischen Scheiß nicht mit, ich …«

Während mein Mund also wie zugenäht war und ich völlig unreflektiert in meinem Widerstand steckte (der immer schönere Blüten trieb), stand meine Seminarleiterin, eine kleine, zierliche Person, vor mir und beharrte darauf, dass ich in der Übung weiterging: »Lutz, bitte verkünde jetzt deine Ziele vor der Gruppe!« Ich blieb stumm, wie paralysiert, und stand stocksteif da. »Lutz? Hast du mich verstanden? Ich möchte, dass du jetzt deine Ziele der Gruppe mitteilst.« Mordgedanken stiegen in mir hoch: »Wenn die nicht endlich die Klappe hält, dann…« – »Lutz, hast du mich gehört? Bitte teile deine Ziele der Gruppe mit!«

Ich blieb bockig und stumm, und mein Bedürfnis, sie end-gültig zum Schweigen zu bringen, wuchs von Minute zu Minute. Meine Kursleiterin war klein, mutig und sehr penetrant. Und je öfter sie ihr völlig absurdes Ansinnen wiederholte, desto größer wurde meine Wut auf sie. Ich hatte Lust, sie zu schlagen, ihr an die Gurgel zu springen, nur damit sie auf-hörte. Als dieses Bedürfnis fast nicht mehr zu bremsen war, flackerte in ihren Augen so etwas wie Furcht auf, sie vergewis-serte sich, dass noch andere Männer im Raum waren, die mich notfalls hätten händigen und in Schach halten können. Und diese Furcht in ihren Augen brachte mich zur Besin-nung. Ich dachte: »Moment mal, was läuft denn hier eigent-lich? Du willst sie schlagen, du willst, dass sie mit dieser Scheiße aufhört, dabei macht sie nur ihren Job, und du be-zahlst sie doch genau dafür!«

Ich war extrem verwirrt und mein Widerstand brach in sich zusammen. Ich musste erkennen, dass sich die Situation kom-plett in ihr Gegenteil verkehrt hatte. Sie machte *meinen* Job! Kläglich und nicht sehr überzeugend murmelte ich die gefor-derten Sätze ans inzwischen sehr angespannt dasitzende Pu-blikum und schlich mit gesenktem Kopf auf meinen Stuhl. Ich war völlig fertig. In mir tobte es: Ich hatte so eine Wut! Und ich war so verwirrt!

Es dauerte mehrere Stunden, bis ich mich wieder einge-kriegt hatte. Ich war tatsächlich kurz davor gewesen, diese Frau zu schlagen. Und alles nur, weil sie sich meinen Zielen verpflichtet hatte, weit mehr als ich selbst. Die Erkenntnis traf mich wie ein Blitz:

Wenn wir diese Wut, diese Energie einsetzen, um unsere persönlichen Ziele zu erreichen, anstatt sie im Widerstand

zu vergeuden, dann sind wir nicht zu stoppen – von niemandem. Diese Kraft trägt uns überallhin – wenn wir wollen.

Rückblickend wurde mir klar, dass dieses Erlebnis entscheidend dazu beigetragen hat, mich vermehrt mit dem Thema Aggression auseinanderzusetzen. Und mich letztlich mit an den Punkt gebracht hat, an dem ich heute stehe.

Wut ist eine Kraftquelle
Vom Wesen der Aggression

Aggression wird in unserer Gesellschaft geächtet, zum unerwünschten Gefühl erklärt, dabei trägt es, richtig angewandt, so viel Kraft in sich. Die Versuchung, das zwischenmenschliche Miteinander ohne Aggression zu regeln, das heißt diese ungeliebten Gefühle ganz auszublenden, ist in unserer Gesellschaft groß. (Unsere »Regelwut« findet da eine ihrer Quellen.) Aber dieser Versuch ist völlig vergeblich. Wir können die Aggression kanalisieren, projizieren, sublimieren oder modifizieren, mit anderen Worten, wir können alles Mögliche damit tun, aber eines können wir nicht: dieses Gefühl abstellen. Somit bleibt uns lediglich die Entscheidung, auf welcher Ebene wir ihr begegnen wollen. Wenn wir uns weigern, zur Aggression (unserer eigenen und der anderer) Stellung zu beziehen, wird sie uns trotzdem betreffen, aber vermutlich als Opfer.

»Wut ist eine Art Brennstoff, der uns in ein neues Leben katapultiert. Wut ist ein Werkzeug, kein Lehrmeister. Richtig genutzt, ist Wut äußerst nützlich. Wut ist nicht die Handlung selbst. Sie ist die Aufforderung zum Handeln.«[1]

Frauen sind in der Regel besser ausgebildet, multitaskingfähiger, mit höherer Sozialkompetenz ausgestattet, empathiebegabter und weniger statusfixiert als ihre männlichen Kollegen. Auch in der Schule werden schon in den Anfangsjahren die sogenannten Mädchentugenden (über längere Zeit konzentriert arbeiten können, sauberes Schriftbild, ordentliche Heftführung usw.) verlangt und massiv gefördert. Jungs, die sich wesentlich öfter austoben müssten, um auch nur einigermaßen still sitzen zu können, werden in den Grundschuljahren definitiv benachteiligt. (Auch wenn viele Lehrer und Lehrerinnen das nicht gerne zugeben.) Mädchen haben also die wesentlich besseren Voraussetzungen dafür, in unserer Gesellschaft beruflich erfolgreich zu werden.

Und? Hat das irgendeinen Einfluss auf die Karrierechancen der Frauen? Bisher nicht wirklich, oder?

In den Chefetagen der Unternehmen sind Frauen nach wie vor – wenn überhaupt – nur im einstelligen Prozentbereich zu finden. Alle Gleichstellungsbeauftragten, alle Quotenregelungen haben, gemessen an ihrem Aufwand, beschämend wenig bewegt. Wenn das in dem Tempo so weitergeht, brauchen wir annähernd 100 weitere Jahre, bis Frauen endlich den ihnen zustehenden Anteil an Chefpositionen innehaben. Wollen Sie so lange warten? Nein?

Dann helfen Ihnen vielleicht folgende Fragen weiter:

Woran liegt das offensichtliche Ungleichgewicht? Sind es nur die bösen, bösen Männer mit ihren Seilschaften, die die Frauen behindern und nicht nach oben kommen lassen? Was leistet sich Frau selbst, um durch innere Sabotage und vermeintliche Selbstgenügsamkeit ihren Karrieresprung zu vereiteln? Was können Frauen selber tun, wenn sie sich mit diesem Ungleichgewicht nicht abfinden wollen? Warum opfern sich Frauen oft für die Familie, den Partner und Freunde auf und stellen ihre eigenen Interessen hintan? Welche Stärke benutzen sie nicht, obwohl sie ihnen jederzeit zur Verfügung stünde? Was hat es mit der berühmten gläsernen Decke auf sich? Welche guten Gründe könnten sie haben, klein beizugeben? Und was können sie tun, wenn sie keinen Bock auf diese ganzen Männermachtkämpfe haben und sich trotzdem die Butter nicht vom Brot nehmen lassen wollen?

Viele Frauen haben große Scheu und hohe moralische Bedenken, ihre Wut sichtbar zu machen. »Ich will mich nicht mit den Männern auf dieses primitive Niveau begeben.« – »Was sollen denn die anderen von mir denken?« – »Niemand wird es aushalten, wenn ich zeige, wie viel Wut ich in mir habe.« – »Mein Gegenüber wird sich zurückziehen, den Kontakt abbrechen, und ich habe gar nichts davon.«

Kommen Ihnen diese Gedanken bekannt vor?

Als Schauspieler weiß ich, dass ich Gefühle nicht »ausknipsen« kann. Wenn ich meine Wut über einen längeren Zeitraum unterdrücke, richtet sich die Kraft irgendwann gegen mich und wird zur Autoaggression. (Das Wort »Auto« kommt aus dem Lateinischen und heißt »selbst«). Das heißt die Aggression wird in mir zerstörerisch, anstatt angemessen und konstruktiv im Außen zu wirken. Viele Depressionen finden hier ihren Ursprung.

Schauen wir uns mal einen Augenblick an, was genau passiert, wenn wir ein ungeliebtes Gefühl, zum Beispiel unsere Wut, nicht zulassen wollen, weil es uns moralisch falsch vorkommt, wir den Zeitpunkt nicht für geeignet halten, der andere das nicht verstehen würde usw. Nehmen wir an, jemand hat Sie mit einer verachtenden, herabsetzenden und zynischen Bemerkung sehr verletzt. In Ihnen steigt Wut auf. Haben Sie dieses Gefühl gemacht? *Nein.* Sind Sie also für dieses Gefühl verantwortlich? *Wieder nein.* Aber selbstverständlich sind Sie dafür verantwortlich, wie Sie jetzt damit umgehen. Und was viele Menschen in so einer Situation tun, ist, sich die Wut zu verbieten: »Das darf nicht in mir sein.« Jetzt bekommen wir ein Problem: Es entsteht Druck in uns, etwas soll anders sein, als es ist, es soll sich anders anfühlen, als es sich anfühlt. Spätestens ab jetzt wird es mühselig und anstrengend, weil wir anfangen zu kämpfen. Insgeheim wissen wir, dass der Kampf gegen ein so mächtiges Gefühl so ziemlich das Sinnloseste ist, was wir in so einer Situation tun können. Aber wir glauben, keine Wahl zu haben. Eines können wir mit Gewissheit sagen: Das geleugnete Gefühl ist auf jeden Fall stärker als unsere Bemühungen, es wegzumachen, weil es Teil der Lebensenergie ist.

Wenn wir unsere Wut mit einem Gebirgsbach vergleichen, dann sind unsere Anstrengungen, die Wut zu negieren, sinngemäß die Holzplatten, Steine und Baumstämme, die wir dem Strom in den Weg legen, in dem Versuch, die Wassermassen aufzuhalten. Kann unser improvisierter Staudamm die Wassermassen aufhalten? *Wieder nein.* Das Wasser wird kurzfristig angestaut, übersteigt die kleine Mauer und reißt sie mühelos weg. Oder das Wasser unterspült den ganzen Bereich und es entstehen mächtige Wirbel, die die Energie des Wassers noch verstärken. Wie viel Mühe und Anstrengung, und wie armselig das Ergebnis! Wäre es da nicht viel sinnvoller, die Energie des Wassers zu nutzen, als sich ihr in den Weg zu stellen? Sie einzusetzen für die eigenen Zwecke, anstatt sie »wegmachen« zu wollen?

In diesem Buch geht es genau darum: Wie Sie den Strom der Gefühle für sich nutzen können, um zu lernen, sich besser durchzusetzen und klarer zu positionieren. Weil Ihnen Ihre Ziele wichtig sind, zum Wohle des Umfelds, in dem Sie leben, zum Wohle des Unternehmens, in dem Sie arbeiten. Und zu Ihrem persönlichen Wohl.

Laufen Sie dann vielleicht Gefahr, zu einem Rambo zu werden? Eine Ich-AG aufzumachen? In dieser kalten Ellenbogengesellschaft ein weiteres, Verzeihung, Arschloch zu werden? – Meiner Erfahrung nach ist diese Gefahr verschwindend gering. Tatsächlich kenne ich keinen einzigen Fall, in dem jemand, der sich mit seinen »negativen« Gefühlen auseinandergesetzt hat, plötzlich zum Ekelpaket mutierte. Im Gegenteil. Wir nehmen diesen Menschen meist als vollständiger wahr – mit individuellen Ecken und Kanten. Aber die Angst vor dieser Urkraft, die in jedem von uns schlummert, ist groß, und damit auch die Gefahr, dass Sie mit Ihren berechtigten Interessen weiterhin baden gehen, aus Angst vor dem Urteil der anderen oder durch Ihre eigene Verurteilung.

Übrigens: Wissen Sie, woran Sie ein richtiges Arschloch erkennen? Robert Sutton hat es in seinem Buch *Der Arschloch-Faktor* wunderbar auf den Punkt gebracht. Sie müssen nur zwei Fragen beantworten.

Frage 1: Fühlt sich die Zielperson nach dem Angriff eines vermeintlichen Arschlochs bedrückt, erniedrigt, demotiviert oder herabgesetzt? Oder hält die Zielperson sich für einen schlechteren Menschen als vorher?

Frage 2: Benutzt das Arschloch sein Gift eher gegen Leute, die weniger Macht haben, statt es gegen Leute auf gleicher Hierarchie-Ebene oder höher zu richten?

Wenn Sie beide Fragen ohne zu zögern mit Ja beantworten, können Sie ziemlich sicher sein, dass es sich wirklich um ein Arschloch handelt. Nun müssen Sie nur noch der Frage nachgehen, ob es sich um ein temporäres oder ein amtliches Arschloch handelt, also ob der Kandidat stimmungsbedingt ab und zu Ausfälle hat oder ob diese Verhaltensweise zu seinem Charakter gehört. Ich bekenne, dass ich in Anfällen von Stinkwut auch schon mal zum temporären Arschloch werden kann. Ein amtliches Arschloch bin ich deswegen noch lange nicht.

Hinzu kommt: Fairness und Durchsetzungsstärke sind kein Widerspruch. Wir dürfen zu unserer Kraft stehen, wenn wir folgende Grundregeln beherzigen:

**1. Stimmen Sie Ihre Handlungen
immer auf den Anlass ab.**
Wenn Sie sich über etwas geärgert haben und anschließend überschießend reagieren, dann haben Sie schon im Vorfeld zu viel Wut angestaut, sodass Sie den Lebensstrom nicht mehr lenken können. Sie explodieren, nachdem Sie sich möglicherweise vorher so lange zusammengerissen haben – und dürfen sich hinterher auch noch dafür entschuldigen. »Ja, das mit dem Wutausbruch tut mir leid. Ich stehe zwar inhaltlich voll hinter dem, was ich gesagt habe, aber die Form war nicht akzeptabel. Bitte entschuldige.« Ufff. Höchststrafe. Da haben Sie sich nun so lange zusammengerissen und nun das… Also machen Sie es sich zur Regel, Ihren Ärger sofort (an die richtige Adresse!) loszuwerden, und sorgen Sie so dafür, dass Ihr Wutspeicher nie zu voll wird. Da hat der Volksmund ganz recht: Keine Kanonen auf Spatzen.

2. Behalten Sie das Gemeinwohl im Auge.

Gerade weil Sie sich für Ihre Belange einsetzen, können Sie auch darauf schauen, wie es anderen damit geht. Und es fällt Ihnen viel leichter, Zugeständnisse zu machen, damit es für alle zu einer Win-win-Situation wird. Der Unterschied zu vorher ist grundlegend: Sie agieren von einer Position der Stärke aus und können großzügig werden, anstatt um Anerkennung zu betteln.

3. Zollen Sie ebenbürtigen Gegnern Respekt.

Da Sie in Ihrer Energie sind, macht es Ihnen Freude, »in die Bütt zu steigen«. Sie können es genießen, einen ebenbürtigen Widersacher zu haben, und seine Größe, Kraft und Geschicklichkeit uneingeschränkt anerkennen. Statt eines verbissenen Kampfes wird daraus eher ein lebendiger Tanz. Und Ihr Gegenüber staunt, wie souverän Sie plötzlich sind.

4. Demütigen Sie Unterlegene nicht.

Sich über den Chef ärgern und dann den Praktikanten lang machen, das geht gar nicht. Obwohl diese Radfahrermentalität (nach unten treten und nach oben buckeln) weitverbreitet ist, zeugt sie doch immer von schlechtem Stil und mangelndem Selbstvertrauen. (Sonst würden Sie Ihren Ärger ja da loswerden, wo er hingehört.) Menschen, denen Sie von der Hierarchie her überlegen sind, sollten Sie mit großem Respekt behandeln. Aber auch sofort deutlich machen, wenn sie Ihre Grenzen überschreiten. Aber dazu später mehr.

Wer diese vier Regeln beherzigt, kann nicht mehr viel falsch machen, aber eine Menge gewinnen. Zwar wird immer wieder darüber geklagt, wie egoistisch und rücksichtslos unsere Gesellschaft sei. Das stimmt sicher auch zum Teil. Aber weit eher fällt mir die Sehnsucht nach Harmonie, einem unreflektierten Konsens, nach dem kleinsten gemeinsamen Nenner auf. Selten stellt sich jemand in seiner vollen Schönheit hin und hat den Mut, anzuecken und unbequem zu sein. Dabei brauchen wir solche Menschen. Dringend.

Ja, selbstverständlich gibt es übertriebene Formen, mit seiner Wut umzugehen. Der Hooligan, der in Straßenschlachten mit der Polizei Menschenleben gefährdet, oder der cholerische Chef, der mit Stühlen wirft und seine Leute zur Sau macht, ist sicher in Bezug auf Aggression überzüchtet – aber das Schäfchen, das seine Wut hinunterschluckt und unter Depressionen leidet, ist eben auch nicht in der Balance, lebt seine Gefühle auf dem anderen Ende der Skala ebenso wenig im rechten Maß.

Nachdem wir nun die Grenzlinien gezogen, die No-go-Areas markiert haben, wissen wir, was erlaubt und wünschenswert ist beim Thema Aggression: alles andere. Und das ist wesentlich mehr, als sich viele Menschen zutrauen und erlauben.

Warum sind es gerade Frauen, die mit ihrer Wut so zurückhaltend umgehen? Warum fällt es gerade Frauen schwer, ihre natürliche Aggression als Triebfeder und Kraftquelle einzusetzen?

Meine anfängliche Lieblingsthese dazu war, dass kleine Mädchen weniger Muskelkraft als

Jungs haben und deshalb im Streitfall in der körperlichen Auseinandersetzung (zum Beispiel beim Raufen) andere Strategien entwickeln mussten, die im Ernstfall nicht so effektiv, weil zu indirekt waren. Ein Blick in den Sportunterricht meines Sohnes in der dritten Klasse hat mich eines Besseren belehrt:

Mädchen haben in diesem Entwicklungsstadium vergleichbar viel Kraft wie die Jungs (das ändert sich erst in der Pubertät, da wird der Muskelaufbau der Jungs signifikant größer), setzen sie aber zurückhaltender ein. Wenn Sie als Lehrer mit acht- bis neunjährigen Kindern in der Turnhalle zum Beispiel Seilklettern üben, werden sich mit ziemlicher Sicherheit die meisten Jungs damit brüsten, wie toll sie es schaffen werden, ganz nach oben zu kommen, wie babyeierleicht das ist usw., während die meisten Mädchen sich eher zurückhalten.

Das Ergebnis ist dann ganz anders: Die meisten Mädchen werden locker bis nach oben kommen (weil sie in diesem Alter feinmotorisch wesentlich weiter sind – noch so ein nicht ausgenutzter Vorsprung), und wahrscheinlich mehr als die Hälfte der Jungs wird kläglich auf der Hälfte des Seils scheitern und jammern und klagen.

Hat das irgendwelche Auswirkungen auf die nächsten Kraftproben?

Nö. Da geht das Spiel wieder von vorne los. Auf der einen Seite die Jungs, die Lautsprecher, deren Leistungen im Durchschnitt eher mittelmäßig sind, und auf der anderen Seite die Mädchen, leistungsbereit, aber in vornehmer Zurückhaltung…

Kommt Ihnen das bekannt vor? In meinen Frauenseminaren zumindest hat diese Geschichte einen hohen Wiedererkennungswert.

Beispiel:

Verena M. ist seit Jahren als Wertpapieranalystin in einer Bank tätig. Sie ist fröhlich und kompetent, sie macht ihre Arbeit gern. Im Grunde könnte alles gut sein. Trotzdem geht sie jeden Morgen mit Bauchschmerzen in die Firma. Sie fühlt sich von einer Kollegin abgelehnt, mit der sie seit Jahren im Dauerclinch liegt. Erschwerend kommt hinzu, dass ihr Chef ihr seit einem Jahr Aufgaben übertragen hat, an denen sie diese Kollegin beteiligen muss – da sie aber nicht weisungsbefugt ist, mauert die Kollegin. »Du hast mir gar nichts zu sagen.«

Alles Erklären, Appellieren und Bitten bringt nichts; das Projekt dümpelt vor sich hin, und ihr Chef spielt den Ahnungslosen: »Das klären Sie am besten mal untereinander.« Verena M. fehlt jeglicher Ansatzpunkt, um die Kuh vom Eis zu kriegen. In der Beratung kocht sie innerlich und fühlt sich gleichzeitig hilflos. »Ich weiß nicht, was ich machen soll.«

Auf meinen Hinweis, dass sie die Lösung in der Hand hält, wenn sie ihre Wut zulässt, reagiert sie skeptisch: »Dann wird alles noch viel schlimmer.« Eine eingehende Analyse ihres eigenen Verhältnisses zu Aggression zeigt, dass sie auch in anderen Bereichen die Gefühle eher »runterdimmt«, zugunsten eines vermeintlichen (faulen) Burgfriedens. Nach eingehender Beschäftigung mit ihrer Verweigerungshaltung wagt sie eines Morgens den großen Eklat. Obwohl sie innerlich »wie Espenlaub zittert«, konfrontiert sie ihre Kollegin mit dem »unsichtbaren Elefanten, der die ganze Zeit im Raum ist«. Es kommt zu einem wüsten Geschrei, an dessen Ende die große Entspannung eintritt. Jede weiß jetzt, woran sie ist. Verena ist auch im Nachhinein noch schwer verblüfft: »Wenn ich gewusst hätte, dass es so einfach ist, hätte ich es schon lange so gemacht.«

Das können Sie tun:

Werden Sie Forscher in eigener Sache. Wenn Sie sich über eine Angelegenheit sehr aufregen, spüren Sie nach, beobachten Sie sich genau, welchen Verlauf Ihre Wut nimmt und welche Beschwichtigungen Ihnen in den Sinn kommen:

»Na ja, so schlimm ist es doch auch wieder nicht.«

»Er/Sie hat ja nicht gewusst, dass …«

»So wichtig ist mir das Ganze sowieso nicht.«

»Ihr/Ihm geht's ja auch nicht so gut.«

»Ich möchte aber auch nicht, dass er/sie jetzt so sauer auf mich ist.«

(Die Liste ist beliebig verlängerbar.)

Machen Sie sich bewusst: Diese Art von Beschwichtigung dient dazu, Ihre eigenen Gefühle *kleinzureden*. Und eine wichtige Frage schließt sich an: Wie fühlen Sie sich, wenn Sie diese Beschwichtigungen *weglassen*?

In vielen Fällen werden Sie dann erst in Kontakt mit der eigenen Wut über die ungerechte Behandlung kommen. Eine Welle der Empörung steigt in Ihnen hoch. Und jetzt wird's spannend: Es ist, als ob Sie Ihr Visier hochgeklappt hätten und jeder Ihr Engagement und Ihr Beteiligtsein deutlich von Ihrem Gesicht ablesen könnte. Kein Zweifel: Sie sind mitten in der Auseinandersetzung und haben sich verletzlich gemacht. Sie wissen nicht, wie die Sache ausgeht. Neben Ihrer gerechten Empörung spüren Sie auch Trauer und Schmerz. Gefühle, die Sie Ihrem Gegner möglicherweise nicht zeigen wollen. Ein klassischer Zielkonflikt. Bisher haben Sie sich vermutlich oft dafür entschieden, Ihre Gefühle weiterhin zu deckeln, um vermeintlich die Kontrolle über das zu behalten, was Ihr Gegenüber von Ihnen wahrnehmen können soll und darf und was nicht.

Aus meiner Erfahrung als Schauspieler kann ich Ihnen sagen: Vergessen Sie's. Das ist ein vollkommen sinnloses Unterfangen. Wir Menschen haben, seitdem wir in der Steinzeit aus unseren Höhlen gekrochen sind, unglaublich feine Antennen dafür entwickelt, wie der andere tickt. Vielleicht können wir es nicht immer präzise benennen, aber wir spüren intuitiv, was mit ihm/ihr los ist. Wir waren in der Steinzeit auch dringend darauf angewiesen, dass unsere Einschätzung funktioniert, sonst hätten wir schlichtweg nicht überlebt. Und das meine ich wörtlich: Eine falsche Entscheidung, ob ein Fremder friedliche Absichten hatte, konnte unsere Vorfahren leicht das Leben kosten. Dieser brutale Ausleseprozess hat uns zu wahren Experten gemacht. Nur die Vorfahren mit den richtigen Einschätzungen haben überlebt und ihre Gene weitergeben können. Und von denen stammen wir alle ab. Ausnahmslos.

Also auch wenn Sie es nicht gerne zugeben wollen, wie sehr Sie sich getroffen fühlen, wird Ihr Gegenüber das spüren. Dann können Sie es ja auch gleich zeigen, oder? Der Vorteil liegt auf der Hand: Sie haben direkteren Zugang zu Ihrer Wut und damit zu Ihrer Kraft und haben zumindest die Chance, Ihre Interessen durchzusetzen. Klar, es gibt keine Garantie, dass Sie sich behaupten und durchsetzen werden. Aber wenn Sie Ihre Gefühle deckeln und kaschieren, bekommen Sie nicht, was Sie wollen. Garantiert. Also warum es nicht einmal versuchen? Sie werden überrascht sein, wie viel mehr möglich ist, als Sie bisher dachten.

*Wenn du eine Garantie willst,
kauf dir einen Toaster.*

Clint Eastwood

Beispiel:

Nehmen wir mal an, Sie sitzen in einer Konferenz und Ihr Lieblingsfeind schafft es wieder spielend, Sie auf die Palme zu bringen, sodass 40 Prozent Ihrer Persönlichkeitsanteile in heller Wut sind. Aufgrund des Bedürfnisses, souverän zu wirken beziehungsweise keine Verletzungen zuzugeben, wollen Sie diese Gefühle aber nicht zeigen. Also brauchen Sie mindestens weitere 40 Prozent Ihrer Persönlichkeitsanteile, um Ihren wahren Gefühlszustand zu kaschieren. (Das ist sinnlos, wie wir oben gesehen haben, aber nun gut; wir tun öfter was Sinnloses.) Preisfrage: Wie viel Prozent Ihrer Persönlichkeitsanteile haben Sie noch, um Ihre Position aktiv zu verteidigen? Magere 20 Prozent.

Das ist der Grund, warum so viele Opfer in ihrer Verteidigung schwach und hilflos wirken, obwohl sie direkt an einer wahren Kraftquelle sitzen - ihrer Wut.

Wenn Sie also im Nachhinein nach einer Konfrontation denken: »Es war mir in dem Moment vollkommen egal, was er/sie über mich denkt, ich hab's einfach gemacht!«, dann wissen Sie, dass Sie Ihrem Ziel ein ganzes Stück nähergekommen sind.

Männer haben – warum auch immer – einen direkteren Zugang zu ihrer Wut und sind damit eher in der Lage, sich durchzusetzen und zu behaupten. Das ist mit ein Grund dafür, warum die Führungsetagen immer noch männlich do-

miniert sind und demzufolge dort auch männliche Regeln
gelten.

Was ist ein Schäfchen?
Von Schafen, Wölfen und Tigern

Also: Wie sieht es mit Ihrer Wut aus? Konkreter gefragt: Wie
sieht es mit Ihrem Umgang damit aus? Sind Sie eher ein
Rambo (gibt es da eigentlich eine weibliche Form?) oder eher
ein Schäfchen?

Wenn Sie eher zur zweiten Fraktion neigen, können Sie
vielleicht mit folgender Definition etwas anfangen:

Das gemeine Haus- und Berufsschaf, vulgär *Schäfchen* genannt, kommt in unseren Breiten häufig vor. Es tritt meist in
einer größeren Gruppe auf, *Herde* genannt, und ist leicht zu
erkennen an seinem treuen bis treudoofen Gesichtsausdruck,
den das Schäfchen auch dann noch beibehält, wenn ihm übel
mitgespielt wurde. Diese etwas verträumte Miene signalisiert
seiner Umwelt: »Ihr könnt mit mir machen, was ihr wollt,
aber Hauptsache ist, ihr habt mich ein bisschen lieb.«

Wölfe und Tiger erkennen grinsend schon von Weitem:
Das ist ein leichtes Opfer. Wunderbar lässt sich unangenehme
Arbeit, die keine Lorbeeren einbringt, an das Schäfchen dele-
gieren. Vielleicht wird es ein bisschen rumjammern, vielleicht
ein bisschen bocken, aber letzten Endes wird es die aufge-
halste Arbeit zuverlässig erledigen, ohne Widerspruch.

Das Schäfchen bietet sich auch in idealer Weise als Blitzab-
leiter bei starken atmosphärischen Störungen an: Zwei ferne
Kumuluswolken knallen aufeinander, und das völlig unbetei-

ligte und unschuldige Schäfchen bekommt den Stromschlag ab. Meist rennt es dann heulend aus dem Zimmer, kommt später mit einem waidwunden Gesichtsausdruck zurück und ist in dieser Phase für jedes noch so kleine Almosen überaus dankbar: »Hauptsache, Ihr habt mich ein bisschen lieb.«

Natürlich spürt auch unser Schäfchen von Zeit zu Zeit Wut und Enttäuschung über so viel lieblose Behandlung durch die anderen. Die Welt ist so gemein! Dann sucht es Trost und Geborgenheit in der Herde der anderen Schäfchen, die ihm signalisieren: »Wir sind die Guten! So böse wie die Wölfe und Tiger wollen wir gar nicht sein!« Und bald schon trottet es brav zurück in seinen Stall, beruhigt und getröstet, nur um sich schon bald den nächsten Angriff einzufangen.

Kommt Ihnen das bekannt vor? Haben Sie sich in Teilen wiedererkannt? Trösten Sie sich: Jeder ist mal Schäfchen und mal

Wolf. Hauptsache, Sie schnappen sich auch mal die andere Rolle.

Weiter unten können Sie testen, wie hoch Ihr Schäfchen-Faktor ist. Viel Vergnügen dabei!

Übrigens: Die Rolle des Schäfchens gibt es in jeder Gruppe, also auch in einer Riege von Topmanagern oder im Kabinett der Bundesregierung. Nur haben diese Schäfchen es gelernt, ihre Rolle besser zu kaschieren.

Wie hoch ist Ihr Schäfchen-Faktor?
Der Test

Wenn Sie mit der vorhergehenden Definition etwas anfangen konnten, dann wollen Sie vielleicht genauer schauen, wie hoch Ihr Schäfchen-Faktor konkret ist. Die nächsten 30 Fragen sollen Aufschluss über Ihre Fähigkeit geben, sich in Konfliktsituationen zu behaupten und Ihre eigenen Ziele zu verfolgen. Kreuzen Sie bei jeder Frage den Grad Ihrer Zustimmung an:

1 = trifft überhaupt nicht zu
2 = trifft eher nicht zu
3 = trifft eher zu
4 = trifft voll und ganz zu

Antworten Sie spontan und ohne großes Nachdenken. Meist »fühlen« wir die Antwort schon, bevor wir anfangen, darüber nachzudenken. Bedenken Sie bitte, dass es keine richtigen oder falschen Antworten gibt. Und je ehrlicher Sie antworten, desto aussagekräftiger ist das Ergebnis.

Übrigens können Sie die Fragen auch von jemand anderem für sich beantworten lassen. So erhalten Sie eine präzise Fremdeinschätzung.

	1	2	3	4
1. Meinen Schreibtisch verlässt nur erstklassige Arbeit.	☐	☑	☐	☐
2. Meine Harmoniesucht hält sich in engen Grenzen. Ein fauler Friede tut niemandem gut. Ich handle nach der Devise: Nur keinen Streit vermeiden.	☑	☐	☐	☐
3. Meine Ziele verfolge ich auch am Wochenende und in der Freizeit, wenn es sein muss.	☐	☐	☑	☐
4. Wenn ich einen Fehler gemacht habe, lecke ich nicht lange meine Wunden, sondern gehe sofort die nächste Herausforderung an. Man soll ja auch gleich wieder reiten, wenn man vom Pferd gefallen ist.	☐	☐	☑	☐
5. Ein Aufpasser und Antreiber würde bei mir arbeitslos; ich motiviere mich selbst.	☐	☑	☐	☐

6. Ich habe klar definierte Ziele und achte sehr auf ihre Umsetzung.   ❏   ❏   ❏   ❏

7. Ich mache meine Arbeit gerne, sie macht mir Freude. Ich brauche niemanden, der mich »zum Jagen tragen« muss.   ❏   ❏   ❏   ❏

8. Mir ist es nicht wirklich wichtig, ob ich bei allen Kollegen beliebt bin. Aber ich passe auf, dass mir keine ungelösten Konflikte das Leben schwer machen.   ❏   ❏   ❏   ❏

9. Manche Menschen empfinden mich durchaus als Bedrohung.   ❏   ❏   ❏   ❏

10. Mich bringt so leicht nichts aus der Fassung. Ich wirke auf andere wie ein Fels in der Brandung.   ❏   ❏   ❏   ❏

11. Den Satz »Erfolg ist die Fähigkeit, von Misserfolg zu Misserfolg zu eilen, ohne seine gute Laune zu verlieren« kann ich vorbehaltlos unterschreiben.   ❏   ❏   ❏   ❏

12. Wenn ich mir etwas in den Kopf gesetzt habe, lasse ich mich auch von Niederlagen nicht entmutigen. Ich probiere es immer und immer wieder.   ❏   ❏   ❏   ❏

13. Ich teile mir meine Arbeit immer eigenständig ein und übernehme selbst die Verantwortung dafür, dass ich sie pünktlich abliefere. ☐ ☐ ☑ ☐

14. Ich würde mich als Steh-aufmännchen bezeichnen. Niederlagen und Fehl-schläge belasten mich nicht lange. Lieber schaue ich, was ich daraus lernen kann, und fange von vorne an. ☐ ☐ ☑ ☐

15. Ich gelte bei anderen als »harter Brocken«, mit dem man sich lieber nicht anlegen sollte. ☐ ☐ ☐ ☑

16. Auch wenn mir eine Aufgabe unangenehm ist, gehe ich sie eigenständig an. Mich muss niemand mahnen. ☐ ☐ ☑ ☐

17. Um etwas zu erreichen, bin ich bereit, mich auch mal außerhalb meiner Komfortzone zu bewegen. ☐ ☐ ☑ ☐

18. Kritik ist für mich ein willkommenes Mittel, mich selbst zu überprüfen. Richtig angewandt, kann sie mich nur besser machen. Unberechtigte Kritik beach-te ich nicht weiter. ☐ ☐ ☑ ☐

19. Es gelingt mir immer besser, das Wesentliche vom Unwesentlichen zu trennen.

☐   ☐   ☐   ☐

20. Die meisten meiner Kollegen haben Respekt vor mir.

☐   ☐   ☐   ☐

21. Wenn ich mich einer Angelegenheit verschrieben habe, dann bin ich auch zu Opfern bereit, um sie zu einem guten Abschluss zu bringen.

☐   ☐   ☐   ☐

22. Ich gelte als robust und durchsetzungsstark. Es ist besser, sich nicht mit mir anzulegen.

☐   ☐   ☐   ☐

23. Ich versuche mit allen gut auszukommen, aber wenn es nicht geht, dann geht es nicht. Ich bin ja mit meinen Kollegen nicht verheiratet. Es macht mir deshalb auch nicht so viel aus, wenn mich einige Leute nicht mögen.

☐   ☐   ☐   ☐

24. Ich bin stolz darauf, dass ich selten Termine nicht einhalte. Alles auf die letzte Sekunde zu erledigen, liegt mir nicht.

☐   ☐   ☑   ☐

25. Meine Meinung ist den anderen oft wichtig – auch wenn ich nicht die Führungsposition habe. ❑ ❑ ❑ ❑

26. Große Anstrengungen machen mir Freude – wenn sie mit meinen Zielen übereinstimmen. ❑ ❑ ❑ ❑

27. Um etwas zu klären, gehe ich keiner Auseinandersetzung aus dem Weg. Auch ein heftiger Streit macht mich letzten Endes stärker. ❑ ❑ ❑ ❑

28. Ich mache die unangenehmen Dinge zuerst – dann sind sie erledigt und ich kann mich angenehmeren Sachen zuwenden. ❑ ❑ ❑ ❑

29. Ich hatte schon immer einen Dickkopf und bekomme oft das, was ich will. ❑ ❑ ❑ ❑

30. Auch wenn meine Verhandlungsposition eher mau ist, kann ich durch mein überzeugendes Auftreten einen anderen zum Schweigen bringen. ❑ ❑ ❑ ❑

Auflösung:

0–13 Punkte

Sie ziehen in Auseinandersetzungen oft, zu oft den Kürzeren. Vielleicht haben Sie auch schon aufgehört zu kämpfen, weil es Ihnen sinnlos vorkommt. Ihr Schäfchen-Faktor ist deutlich zu hoch, als dass Ihnen das Thema im Beruf und privat Freude bereiten könnte. Sie laufen Gefahr, Ihre zweifellos vorhandene Wut über die Umstände in Form von Autoaggression gegen sich zu richten. Machen Sie sich bewusst: Das kann Sie krank machen. Sie können es stoppen, wenn Sie sich professionelle Hilfe holen. Das kann zum Beispiel ein Coach sein, der mit Ihnen Ihre Situation analysiert und Sie bei den einzelnen Schritten berät. Seien Sie realistisch: Eine tief greifende Veränderung passiert nicht von heute auf morgen, aber jede Kursänderung beginnt mit dem ersten Schritt. Beobachten Sie sich selbst beim Lesen der nachfolgenden Kapitel. Jedes Mal, wenn Sie etwas aufregt oder anregt, sollten Sie genau hingucken. Das könnte ein deutliches Zeichen für das weitere Vorgehen sein. Kennen Sie den Scheinriesen Tur Tur aus dem Roman *Jim Knopf* von Michael Ende? Der sah aus der Entfernung riesengroß aus und wurde bei jedem Schritt, den man auf ihn zuging, kleiner. So kann auch die Furcht vor Ihrer eigenen Kraft kleiner werden, wenn Sie sich ihr stellen.

14–45 Punkte

Ihre Durchsetzungsstärke ist im Aufbau befindlich. Einige Fortschritte sind zu erkennen, aber es gibt auch ein weites Feld, auf dem eine Auseinandersetzung schmerzhaft wäre und deshalb vielleicht schon jahrelang nicht mehr stattfindet. Ihr Schäfchen-Faktor ist auf jeden Fall zu hoch. Überprüfen Sie anhand der vorgeschlagenen Themen in diesem Buch, wo genau Ihr Defizit liegt, und holen Sie sich – wenn möglich – professionelle Hilfe in diesem Bereich. Sie müssen nicht alles alleine machen. Aber überprüfen Sie sich im Vorhinein ehrlich: Wie groß ist Ihr Nutzen in der gegenwärtigen Situation? Und sind Sie tatsächlich bereit für eine tief greifende Veränderung? Das Potenzial ist vorhanden!

46–77 Punkte

Sie sind in Bezug auf Durchsetzungsstärke auf der richtigen Spur, aber noch lange nicht dort, wo sich weiterer Fortschritt von selbst einstellt. Ihr Schäfchen-Faktor ist (noch) zu hoch, als dass Sie sicher sein können, in Auseinandersetzungen auf Augenhöhe zu agieren. Lassen Sie sich nicht entmutigen! Eine mögliche Entwicklung hin zu selbstbewussterem Auftreten hängt wesentlich von der Klärung innerer Widerstände ab: Welche Schuldgefühle bremsen Sie? Wie viel Recht auf freie Entfaltung steht Ihnen Ihrer Meinung nach überhaupt zu? Lesen Sie aufmerksam die Abschnitte »Der innere Kritiker« und »Innere Sabotage«, um weitere Anregungen zu bekommen.

78–108 Punkte

Ihre Durchsetzungsstärke ist erfreulich hoch. In den meisten Kämpfen werden Sie als ebenbürtige Partnerin anerkannt. Ihr Schäfchen-Faktor ist gering, die Achtung Ihrer Kolleg(inn)en zeugt von Respekt für Ihre Art des Auftretens. Geringe Defizite lassen sich durch aufmerksame Beobach-

tung und weitere Sensibilisierung für das Thema leicht aus-
räumen. Wie gut, dass Sie auf dem richtigen Weg sind!

109–120 Punkte

Herzlichen Glückwunsch! Ihnen macht es Freude, sich
durchzusetzen und zu behaupten. In Machtkämpfen stehen
Sie entspannt Ihre Frau. Ihr Schäfchen-Faktor ist fast nicht
messbar. Bestimmt haben Sie noch den einen oder anderen
Tipp für die praktische Umsetzung für mich. Am besten
schenken Sie das Buch einer Frau, die in diesem Bereich noch
Wachstumspotenzial hat. Apropos: Haben Sie je daran gedacht, Ihre wertvollen Erfahrungen in diesem Bereich weiterzugeben?

Erste Schritte
Praktische Tipps für den Berufsalltag

Sind Sie mit Ihrem Testergebnis zufrieden? Nein? Aber Sie
sind bereit, sich auf die Reise zu begeben? Sie sind bereit zu
schauen, wie Sie in angemessener Zeit (!) greifbare Erfolge
für sich erzielen können? Prima. Dann schlage ich vor, Sie
fangen mit folgenden einfachen Schritten an.

Wenn Sie jetzt meinen, das ist banal, dann haben Sie recht.
Die ersten Schritte *sind* banal. Ich bin in meinem Herzen ein
Praktiker. Theoriegebäude, mögen sie noch so differenziert
sein, haben mich noch nie zum Ziel geführt, sondern immer
nur das praktische Tun. Und es überrascht mich immer wieder, wie sehr das Bedürfnis zur Veränderung, die Sehnsucht

nach dem großen entscheidenden Schritt die Sicht auf das sofort Machbare verstellt. Deshalb meine Bitte an Sie: Respektieren Sie Ihre ersten Schritte. Auch die Besteigung des Mount Everest beginnt mit einer profanen Packliste.

1. Lernen Sie, Nein zu sagen

Vielen Frauen fällt das sehr schwer, weil sie es schlicht nie geübt haben. Also: Fangen Sie an zu üben! Suchen Sie sich erst mal Menschen als Sparringspartner aus, die Ihnen nicht so nahestehen, deren (mögliche) Ablehnung Ihnen nicht so viel bedeutet, Kellner in einem Restaurant zum Beispiel, wenn das Essen nicht genießbar ist, oder Verkäufer, wenn Sie Ware reklamieren müssen. Bleiben Sie freundlich im Ton, aber bestimmt in der Sache. Üben Sie, für Ihre Rechte einzustehen, wenn irgendetwas aus berechtigtem Grund nicht akzeptabel ist.

Und wenn Sie können: Entspannen Sie sich während der Auseinandersetzung. Es geht ja um nichts Großes. Sie werden verblüfft sein, wie oft Sie Erfolg haben damit, wenn Sie einfach nur den Mund aufmachen.

Wenn Sie sich an so eine Form der Auseinandersetzung erst mal etwas gewöhnt haben und zum Beispiel Ihr Puls nicht mehr oder nur noch unwesentlich steigt, können Sie sich ja wichtigeren Personen und Anliegen zuwenden. Generell gilt: Je wichtiger Ihnen eine Sache ist (Sie merken es deutlich am beschleunigten Puls, wenn Sie daran denken), desto mehr sollten Sie vorher an Unwichtigem geübt haben, wenn Ihnen diese Form der Positionierung fremd ist.

2. Suchen Sie sich starke Verbündete

Gibt es starke Kollegen in Ihrer Abteilung, die Ihnen neutral bis wohlwollend gegenüberstehen? Wenn es Ihnen gelingt, so einen Menschen für sich einzunehmen, verbessern Sie Ihre Position erheblich. Vielleicht können Sie ihm oder ihr ja einen Gefallen tun oder zur richtigen Zeit ein ehrlich gemeintes Kompliment über seine/ihre Arbeit machen. Selbstverständlich in guten Zeiten! Wenn es Ihnen schlecht geht, ist es wenig wirkungsvoll.

Und denken Sie daran: Ich rede nicht vom Rumschleimen! Die Schleimer erkennt man mühelos daran, dass sie über eine kleine Sache unverhältnismäßig in Begeisterung ausbrechen. Der Umschleimte und alle Anwesenden erkennen die Absicht und sind verstimmt. Das wirkt schnell peinlich und der Schuss geht leicht nach hinten los. Aber ich habe noch niemanden kennengelernt, der für ein wohldosiertes Lob unempfänglich gewesen wäre.

Was Sie davon haben? Chefs sind zu beliebten Mitarbeitern automatisch netter, weil sie sonst die ganze Abteilung am Hals hätten. Das Risiko gehen nur wenige ein. Und wenn so ein starker Kollege ein gutes Wort für Sie einlegt, haben Sie automatisch bessere Karten.

Woran Sie die starken Kollegen erkennen? Ganz einfach, es sind die Menschen, die von anderen (auch vom Chef) häufig um Rat gefragt werden, deren Wort in der Abteilung zählt.

3. Klären Sie anstehende Machtfragen sofort

Sie haben neue Kollegen, Mitarbeiter oder Praktikanten und wollen ihnen in den ersten Tagen und Wochen auf der Arbeit eine gewisse Schonfrist einräumen, weil »er/sie sich doch erst mal einfinden muss«? Sie sind in diesem Zusammenhang besonders geduldig, wenn jemand in Ihren Kompetenzen wildert, damit »sich der Neuzugang willkommen fühlt« und weil »er/sie sich damit ja noch gar nicht auskennen kann«?

Das ist oft ein fataler Fehler, der im weiteren Verlauf viel Aufwand erfordert, um ihn wieder geradezurücken, wenn es überhaupt zu reparieren ist. Diese ersten Tage beim Start an einem neuen Arbeitsplatz dienen doch gerade der Orientierung. Der Neuzugang zeichnet gedanklich eine Karte: Wer ist wichtig, wer nicht? Wer ist harmlos und vor wem muss ich mich in Acht nehmen (wen muss ich achten)?

Schon oft hat ein klares Wort am Beginn einer Zusammenarbeit, freundlich im Ton, aber unmissverständlich im Anliegen, eine drohende Machtkollision sofort entschärft und möglichen Konfrontationen von vornherein den Wind aus den Segeln genommen.

Rückblickend ist es leicht zu erkennen: Wenn eine Zusammenarbeit nicht funktioniert hat, sind die Ursachen oft schon in den ersten Stunden der gemeinsamen Arbeit sichtbar gewesen, aber mit der stillen Hoffnung »Das renkt sich schon wieder ein« wurde eine klare Ansage vermieden, auch um nicht als »die Böse« dazustehen. Diese Freundlichkeit wird in den meisten Fällen ein völlig falsches Signal setzen und damit unangemessene Reaktionen überhaupt erst hervorrufen.

Wenn Sie einen Garten haben, dann kennen Sie es vom Unkrautjäten: Einen kleinen Trieb können Sie mühelos entfernen, bei einem großen müssen Sie unter Umständen lange buddeln und es ist unklar, ob es gelingt, wirklich das ganze Wurzelwerk zu entfernen.

Auch in der Schule war es vergleichbar: Die Lehrer, die am Anfang streng waren und hinterher netter wurden, hatten von vornherein die Achtung und Aufmerksamkeit der Schüler (schließlich ging es ja um was) und stiegen durch ihr allmähliches »Freundlicher-Werden« in der Beliebtheit, während die »Nur-Netten« schon nach kurzer Zeit zuerst die Achtung und anschließend das Ohr der Schüler verloren hatten. Wenn diese dann eine falsche Entwicklung im Nachhinein korrigieren und »neue Saiten aufziehen« wollten, hatten sie den Widerstand der ganzen Klasse gegen sich. Die innere Karte war ja bereits fertig.

Beispiel:

Melanie B. arbeitet engagiert in einer jungen, aufstrebenden Agentur. Sie fühlt sich wohl im Kreis ihrer Kollegen und erlebt die Arbeit als sehr sinnstiftend. Alles ist bestens. Als Verstärkung gesucht wird, »die auf der gleichen Wellenlänge tickt«, empfiehlt sie Andrea, eine gute Bekannte, die zurzeit arbeitslos ist und gut ins Team passen würde. Im Grunde schlägt sie drei Fliegen mit einer Klappe, denkt sie. Sie verhilft Andrea zu einem prima Job, hat weiterhin eine entspannte Arbeitsatmosphäre und der Firma eine gute Mitarbeiterin verschafft.

Sie engagiert sich sehr für ihre alte Bekannte und neue Kollegin, hilft ihr beim Umzug und fühlt sich insgesamt mit-verantwortlich dafür, dass es ihr gut geht. (Sie hat sie ja schließlich hergeholt!)

Erste »Kommunikationsschwierigkeiten« übergeht sie großzügig, um ihren Neustart nicht zu gefährden, wie sie mir anschließend im Coaching erklärt. Nach etwa vier Wochen eskaliert die Situation. Offenbar überschätzt Andrea sich und ihre Fähigkeiten, ist beratungsresistent und lehnt jedes unterstützende Angebot, auch von ihrer Freundin, ab. Dadurch bleibt ihre Leistung äußerst bescheiden und bringt die Abteilung in ernsthafte Schwierigkeiten. Nach kurzem Hickhack trennt sich die Agentur von Andrea, und auch die Freundschaft zwischen den beiden zerbricht.

Melanie B., die alles richtig machen wollte, hat mit ihrem hohen Engagement das Gegenteil dessen erreicht, was sie im Sinn hatte. Im anschließenden Beratungsgespräch wird deutlich, dass Melanie B. von Anfang an ein deutlich schlechtes Bauchgefühl hatte und es auch im Außen sehr wohl klare Anzeichen für eine falsche Weichenstellung gab. Aber: »Andrea hatte ja lange vorher nicht gearbeitet. Ich wollte sie erst mal ankommen lassen und ihr Zeit geben, sich zu orientieren. ›Danach‹, dachte ich, ›können wir das immer noch korrigieren.‹« Ein fataler Irrtum, wie sich her-ausstellte.

Das können Sie tun:

Besondere Vorsicht gilt, wenn Sie in irgendeiner Weise mit dem Neuzugang bei der Arbeit befreundet sind oder Sie sich schon vorher aus anderen Zusammenhängen kennen. Ich nenne es *die Bekanntenfalle*: »Wir haben uns vorher schon recht gut verstanden, ich möchte ihm/ihr zeigen, dass ich auch bei der Arbeit freundlich bin und mir Hierarchien nichts bedeuten.«

Wer stolz darauf ist, dass ihm Hierarchien nichts bedeuten, muss sich nicht wundern, wenn ihnen auch die anderen keinen Wert beimessen. Diese Form der vermeintlichen Rücksichtnahme hat schon manche Freundschaft zerstört. Weil Sie der Bekannten die dringend notwendige Orientierung verweigern. Also reagieren Sie sofort, wenn Ihnen etwas querkommt, dann können Sie auch noch freundlich sein und entspannt reagieren. Und Sie ersparen sich eine Menge Ärger.

Auch die Politik kennt diese Spielregel: Begehe deine Grausamkeiten am Anfang einer Legislaturperiode, danach ist es zu spät.

4. Holen Sie sich eine Außenansicht ein

Wie wirke ich auf andere? Diese Frage sollten Sie sich verstärkt stellen, wenn sich immer die gleichen Probleme wiederkehrend in anderer Form mit wechselnden Personen ergeben. Offensichtlich haben Sie die betreffende Schwierigkeit in Ihr Leben eingeladen. Möglicherweise unbewusst, aber nicht minder deutlich und vor allem: erfolgreich, wieder und immer wieder.

Ihr Umfeld wird eventuell ziemlich genau wissen, wie Sie das immer wieder geschafft haben, aber selten wird jemand von sich aus den Mut aufbringen, es Ihnen zu sagen. (»Ich kann mich ja auch irren, ich möchte sie nicht kränken, so wichtig ist es ja nicht …«)

Das kommt Ihnen bekannt vor, oder?

Drehen Sie es doch gedanklich einmal um: Weisen Sie einen Mitmenschen darauf hin, wenn er starken Mundgeruch hat? Wenn der Hosenschlitz offen steht? Wenn er oder sie streng riecht? Im Grunde wäre es eine große Hilfe, für jeden. Vom Kopf her ist es uns völlig klar. Aber bringen wir auch den erforderlichen Mut auf?

Das ist ein sehr spezieller Mut, und wenn er Ihnen begegnet, heißt es dankbar sein und diese Dankbarkeit auch zeigen. Zu oft sind wir in so einer Situation, wenn wir ein solches Geschenk bekommen, mit der eigenen Peinlichkeit beschäftigt und vergessen das angemessene Feedback: »Danke, das hat mir sehr geholfen, und ich fand es echt mutig von dir!«

Die spannende Frage ist nun, wie können Sie Ihr Umfeld dazu befähigen, Ihnen so ein Geschenk auch wirklich zu machen? Dazu braucht Ihr Gegenüber zwei Gewissheiten:

Erstens müssen Sie deutlich machen, dass Sie die unter Umständen schockierende Information auch verkraften und »gut wegstecken« können. Dazu verhilft Ihnen eine neue Bewertung von Kritik. Sie betrachten Kritik von außen, speziell wenn sie unter vier Augen vorgebracht wurde, als Geschenk. Und behalten sich vor, das Geschenk anzunehmen oder nicht – ganz wie bei anderen Geschenken auch.

Zweitens müssen Sie Ihrem Gegenüber das Gefühl geben, dass Sie weiterhin freundlich von ihm denken werden, auch wenn er Sie kritisiert. Wenn Sie das Gefühl haben, der Kritiker hat eine konstruktive Haltung zu Ihnen und will Ihnen tatsächlich mit seiner Kritik helfen, sich zu verbessern, dann sollten sie ihn dafür loben und sich bedanken; auch im Nachhinein, wenn Sie es zu dem Zeitpunkt vergessen haben sollten. Eine große Ausnahme bildet allerdings die Kritik in großer Runde, die hauptsächlich einer Statusreduzierung dient. (Vergleiche »Die Regeln der männlichen Alphatiere – Das ungeschriebene Gesetz des Wolfsrudels«, Seite 50). Da sollten Sie sich mit aufmunterndem Lob vornehm zurückhalten.

5. Wechseln Sie die Perspektive

Sie fühlen sich nicht genügend gesehen und anerkannt von Ihrem Vorgesetzten? Dann hilft Ihnen vielleicht folgendes Gedankenspiel weiter: Stellen Sie sich vor, Sie schlüpften für einen Tag in die Haut Ihres Chefs und schauten auf sich selbst quasi von außen. Hand aufs Herz: Wären Sie mit Ihrer eigenen Leistung zufrieden? Würden Sie sich selbst befördern?

Ganz oft stellen unzufriedene Mitarbeiter sogenannte »Wenn-dann«-Konstruktionen auf: »*Wenn* mich mein Chef mehr anerkennen würde, *dann* wäre ich auch bereit, mehr zu leisten.« Ihr Chef muss also nach dieser ungeprüften Überzeugung erst mal in Vorleistung treten, bevor Sie aus Ihrer inneren Schmollecke rauskommen.

Ich sehe es bildlich vor mir: Ihr inneres Kind sitzt mit vorgeschobener Unterlippe und verschränkten Armen da und wartet auf das erlösende Signal, das – selbstverständlich! – von außen kommen muss. Unter uns Pfarrerstöchtern: Das ist eine reichlich präpubertäre Haltung.

Warum sollte ein Chef (oder eine Chefin) Sie in so einer Haltung unterstützen? Haben Sie ihm/ihr einen Grund gegeben für die Anerkennung/Belohnung/Beförderung? Was hat er/sie davon? Die Antwort lautet schlicht: Nichts. Also wird er/sie es auch nicht tun. Möglicherweise haben Sie sich nur an die Arbeitsvereinbarung gehalten und machen schlicht das, was von Ihnen erwartet wird und für das Sie bezahlt werden. Die berühmte Extra-Meile ist nicht in Sicht.

Manchmal wird mir im Coaching ganz schwindelig von den ungeprüften maßlosen Ansprüchen frustrierter Mitarbeiter. Und mancher Klient hat im Gespräch nach einem Perspektivwechsel verblüfft und etwas verlegen feststellen können: »Stimmt, dafür hätte ich mich auch nicht befördert.«

Die Regeln der männlichen Alphatiere
Das ungeschriebene Gesetz des Wolfsrudels

Für Frauen sind diese Spielregeln wichtig, wenn sie sich in diesem Bereich behaupten wollen. Ich behaupte nicht, dass die Regeln erstrebenswert sind; aber eine erfolgreiche Karriere lässt sich nur erreichen mit der grundsätzlichen Bereitschaft, sie zu beachten. Zahlreiche Frauen, die sich zu fein für diesen »albernen Kram« sind, bremsen sich selbst damit aus. Wenn Sie es erst mal geschafft haben und ganz oben stehen, können Sie das Klima und die Art des menschlichen Miteinanders ja gerne aus eigener Kraft ändern. Vorher gilt: Wer diese Regeln nicht zur Kenntnis nehmen will, ist vielleicht der bessere Mensch, aber mit Sicherheit nicht erfolgreich.

Und: Es wäre erstrebenswert, dass Sie in Konfliktsituationen *die Wahl* haben, wie Sie sich verhalten wollen. Das schließt selbstverständlich die Möglichkeit mit ein, mit dem vollen

Bewusstsein über die Konsequenzen die alte Strategie zu fahren. Aber dann wissen Sie auch, warum Sie sich ins Abseits manövriert haben, und können erhobenen Hauptes den Ort des Geschehens verlassen. Jetzt haben Sie bewusst gewählt, und daran ist nichts falsch!

Das ganze »Pfifflimaxgehabe« (so eine schweizerische Übersetzung) lässt sich relativ leicht aus den eingespielten Ritualen der Sandkasten- und Verteilungskämpfe der Jungs aus dem Kindergarten und der Grundschule ableiten.

Wer wie ich oft als Gast, aber zum Glück selten als Untergebener (= Mitarbeiter) in großen Unternehmen solche Hahnenkämpfe beobachten kann, kann viel unfreiwillige Komik in diesen Situationen entdecken.

Da die Führungspositionen zurzeit noch fast ausschließlich männerdominiert sind, gelten auch die Regeln der Männer, die sie mit Sicherheit schon sehr früh eingeübt und beherzigt haben. Felix Frei hat sie schon 2006 in der Zeitschrift *Wirtschaft und Weiterbildung* exemplarisch zusammengetragen.

Spiele, um zu gewinnen, oder spiele nicht.

»Können wir nicht einfach mal nur so spielen?« – »Nein, das macht keinen Spaß.« Die meisten Männer hassen »nur so«. Es kommt ihnen sinnlos vor, es ist reine Zeitverschwendung für sie. Wer hat früher beim Mensch-ärgere-dich-nicht-Spiel geheult und wurde wütend, wenn er verloren hat? In 90 Prozent der Fälle werden es die Jungs gewesen sein.

Dieses eher kindliche Prinzip lässt sich in den meisten Chefetagen wiederfinden. Selten sind die Alphamännchen am Prozess interessiert, sondern fast immer an dem, was hinten rauskommt. Und das heißt für sie, ob und wie viel sie gewinnen beziehungsweise verlieren. In vielen großen Unternehmen kann man die bedenklichen Folgen dieser Mentalität studieren: Zugunsten eines kurzfristigen Profitdenkens werden rücksichtslos auch wichtigste Ressourcen einer Firma verschleudert. Damit werden dem Betrieb (fast) alle Zukunftsperspektiven genommen. Egal, Hauptsache, ich bin Erster.

Beispiel:
> Der Insolvenzverwalter der Firmengruppe Arcandor, zu der auch die Karstadt-Filialen gehörten, äußerte sich in einem *Spiegel*-Interview so: »Bei Karstadt gibt es nichts von Wert, was nicht schon vor langer Zeit verkauft worden wäre.« Erschütternd, aber wahr: Alles wurde dem kurzfristigen Profitstreben und der persönlichen Gier unterworfen. Großen Anteil daran hat mit Sicherheit die oben genannte Regel.

Das können Sie tun:

Wenn Sie so einen Chef haben, unterdrücken Sie Ihr vielleicht vorhandenes Verlangen danach, den Jungen zu erziehen. Bedienen Sie sich seiner Schwäche: Machen Sie ihm klar, dass der Gewinn für ihn in absehbarer Zeit noch wesentlich höher ausfallen wird, wenn er jetzt auf ein kurzfristiges Strohfeuer verzichtet. Da die Alphatierchen so überaus einseitig am Gewinnen interessiert sind, ist die Chance höher, dass Sie damit Erfolg haben. Erinnern Sie sich in kniffligen Fällen an seinen »Spielen und gewinnen wollen«-Trieb. Viele Männer sind erstaunlich simpel gestrickt: Welche Belohnung könnte ihm das Manöver schmackhaft machen?

Zeige, was du kannst und hast, und beeindrucke andere.

Das Beeindrucken ist ein starkes inneres Bedürfnis der meisten Jungs und Männer, um sich innerhalb einer Gruppe vorteilhaft positionieren zu können. Habe ich meinen Mitbewerbern erst mal gehörig imponiert, habe ich Luft, kann »die Welle von oben surfen« und muss nicht hinterherhecheln. Auf Augenhöhe und gleichberechtigt zu agieren ist für viele Männer in Konkurrenzsituationen schwierig; sie haben da fast keine Erfahrung: »Es kann nur einen Sieger geben.«

Der sprichwörtliche Chefparkplatz ist für Alphatierchen eine unbedingte Notwendigkeit. Es signalisiert weithin »Ich hab's geschafft« und wird so zum Statussymbol. Den meisten Frauen ist das zu albern. Und dann wundern sie sich, warum sie nicht ernst genommen werden.

Das können Sie tun:

Achten Sie unbedingt auf die Statussymbole in Ihrer Abteilung und entscheiden Sie sich ganz bewusst für das eine oder andere Rangabzeichen; nicht weil Sie es schick finden, sondern weil Sie sich dadurch bei den Männern den Respekt verschaffen, der Ihnen den Rücken freihält. Ein General, der vor einer entscheidenden Konferenz sämtliche Orden anlegt, tut es vielleicht auch nicht, weil er sie so schick und bedeutend findet, sondern weil er weiß, dass es Eindruck macht.

Und ein sprichwörtliches Zepter werden Sie vielleicht affig finden: »Nutzloses Ding, damit kann man nicht mal eine Schraube reindrehen!« Aber groß gewordene Jungs und Männchen wissen: Ohne Zepter kein König.

Beispiel:

> Erika H. arbeitet als Controllerin den ersten Tag in der neuen Firma. Als sie morgens ankommt, ist ihr Parkplatz von dem Auto eines anderen Mitarbeiters besetzt. Völlig entspannt geht sie zum Pförtner, stellt sich vor und bestellt einen Abschleppwagen für das fremde Auto. Der Pförtner ist zwar entsetzt (»Das war sicher nur ein Versehen«), tut aber, wie ihm aufgetragen. Wie ein Lauffeuer verbreitet sich die Nachricht, dass (ausgerechnet!) der Wagen des Einkäufers abgeschleppt wurde. Erika H., die sich daran gewöhnt hat, als Controllerin nicht besonders beliebt zu sein, hat allen neuen Kollegen zwei Signale geschickt:
>
> 1. Achtung, ich meine es ernst.
> 2. Ich lege keinen großen Wert darauf, beliebt zu sein.
>
> Weitere Machtkämpfe sind nicht erforderlich, sie kann ab jetzt entspannt ihre Arbeit tun.

Beherrsche die Kunst der drei großen Bs (Blenden, Bluffen, Beeindrucken).

Hören Sie mal vorpubertären Jungs zu, mit welcher Hingabe sie sich über vermeintliche eigene Höchstleistungen und Besitztümer austauschen. (»Mein Laster ist aber größer als deiner – wie viel PS hat deiner?«) Dieses Imponiergehabe entspringt innersten Bedürfnissen nach Abgrenzung und Positionierung. Ist die Hackordnung erst mal festgelegt, kehrt Ruhe ein. Wenn Sie eine Männergruppe an der Arbeit hindern wollen, müssen Sie ihr nur alle Statusabzeichen und Rangordnungen wegnehmen. Der Stress für die Männer wird gewaltig sein. Die Gruppe wird nicht eher ruhen, bis eine neue Hackordnung ausgekämpft und mit Statussymbolen

»abgesichert« ist. Erst danach können sich die Alphatierchen ihrer eigentlichen Arbeit zuwenden.

Viele Frauen haben wenig Gespür für dieses existenzielle Bedürfnis der Männer. Das ständige Gockelgehabe stößt sie ab; sie empfinden den ganzen Aufstand als sinnlos und steigen aus dem Spiel aus. Aber wenn Sie aussteigen, haben Sie das Spiel verloren! Auf der Tribüne werden keine Pokale verteilt.

Das können Sie tun:

Ich glaube, Ihre negative Bewertung behindert am allermeisten Sie selbst. Stellen Sie sich vor, Sie sind in einem fernen Land. Dieses Protzbedürfnis der (kleinen) Jungs scheint Ihnen zwar ein bizarrer und fremder Brauch zu sein, aber Sie respektieren natürlich die örtlichen Gepflogenheiten. Sie nehmen es zwar nicht richtig ernst, aber Sie machen mit. Durch Ihre lockere Art haben Sie sogar eindeutig einen Wettbewerbsvorteil vor den verbissenen Männern. Sie können darüber lächeln und vermeintliche Niederlagen leichter wegstecken – weil Ihr Herz nicht daran hängt. Und Sie bleiben im Spiel und stellen sich nicht selbst ins Abseits.

Kenne deine Freunde, kenne deine Feinde.

Wer unterstützt Sie und Ihre Arbeit vorbehaltlos? Und von wem werden Sie regelmäßig angeschossen? Vielen Frauen fehlt in diesen Fragen das nötige Bewusstsein. Ihr Harmoniebedürfnis möchte diese Fragen gar nicht so genau beantwortet haben, die Gedanken kommen reflexartig: »Warum ist er nur so zu mir? Was habe ich ihm getan? Wenn ich freundlich bleibe, wird er erkennen, dass ich ihm nichts Böses will.« Das wird er in aller Regel nicht, sogar das Gegenteil tritt ein: Sie schicken Ihrem Gegenüber die unausgesprochene Botschaft: »Mit der kann ich's ja machen. Und die bedankt sich noch hinterher.«

Er wird also aller Wahrscheinlichkeit nach noch schärfere Attacken reiten, und das am besten in aller Öffentlichkeit. Und Sie haben ihn dazu förmlich eingeladen.

Das können Sie tun:

Wenn ich in großer Runde verbal angegriffen werde, hole ich in aller Ruhe meinen Timer raus und sage nachdenklich zum Angreifer »sehr interessant« und beginne zu schreiben. Nicht die Kritik, Gott bewahre. Sondern den Namen des Aggressors. Er kommt auf meine persönliche Arschlochliste. Den werde ich in der nächsten Zeit nicht unterstützen. Denn mir ist klar: Wenn mich jemand in großer Runde anschießt, will er alles Mögliche, nur nicht mich besser machen! Da mein Gedächtnis für Ärger begrenzt ist, schreibe ich es mir auf. Diese Liste verhindert, dass mein Harmoniebedürfnis die falschen Leute unterstützt. Probieren Sie es aus!

Verstehe die Schwächen der anderen zu nutzen.

Ein heikler Punkt. Spätestens hier gehen viele Frauen in meinen Seminaren in den Widerstand: »So was möchte ich nie machen, das gehört sich einfach nicht!«

Einverstanden. Sie müssen das nicht tun. Aber machen Sie sich klar, dass es tagtäglich geschehen kann. *Mit Ihnen.*

Sind Sie sich bewusst, was Ihre größte Schwachstelle ist? Wo sind Sie besonders leicht zu treffen? Die aufrichtige Beantwortung dieser Fragen kann Sie vor unliebsamen Angriffen schützen. Auch wenn Sie es bisher vielleicht nicht so genau wissen (wollten), muss es ja nicht zwangsläufig einem geübten Beobachter entgangen sein.

Jeder Mensch strahlt ein Energiefeld aus, das seiner inneren Verfassung entspricht und das die meisten Menschen spüren können, wenn auch vielleicht nur unterbewusst.[2]

Eckhart Tolle

Frau muss es nur zu deuten wissen. Und wenn Sie sehen, dass sich eine Person auf einmal kindisch verhält und sich ein großes Drama entfaltet, sobald dieser Punkt berührt wird, können Sie sicher sein: Hier befindet sich eine große Schwachstelle, jetzt wird es wirklich interessant.

Zu Ihrer Inspiration habe ich hier einmal ein paar Schwachpunkte und die möglicherweise dahinter stehenden Haltungen aufgelistet, denen ich in meinem Leben und in meinen Seminaren immer wieder begegne:
– eine auffällige Eitelkeit (»Ich bin ungenügend«),
– eine zwanghafte Pedanterie (»Ich will Halt haben«),
– eine große Gier (»Ich bekomme nie genug«),
– ein Kontrollzwang und die Unfähigkeit, flexibel zu reagieren (»Ich bin auf feindlichem Gebiet«),
– eine sichtbar zur Schau gestellte Lethargie (»Ich vertusche meine Enttäuschung«),
– Geschwätzigkeit, epische Breite (»Ich sehne mich nach Kontakt«),
– Geiz und die Unfähigkeit abzugeben (»Es ist nicht genug da«),
– der Choleriker der Sorte HB-Männchen (»Die Welt ist ungerecht zu mir«),
– übergroße Selbstkritik (»Ich sehne mich nach Anerkennung«).

Die Liste ist beliebig verlängerbar. Bei manchen sind die Schwächen offensichtlich, bei anderen verdeckt. Machen Sie sich bewusst, dass es niemanden ohne Schwachstelle gibt. Niemanden. Da schließe ich mich ausdrücklich mit ein. Wenn ich aufrichtig bin, kann ich sogar in den meisten Punkten auch Anteile von mir entdecken. Die entscheidende Frage ist nur: Kann ich es mir vorbehaltlos anschauen?

Das können Sie tun:

Wenn Sie zum Beispiel mit einer übergroßen Bereitschaft zur Selbstkritik rumlaufen und es gleichzeitig vor sich selbst nicht wahrhaben und vertuschen wollen, sind Sie ein gefundenes Fressen für jeden (miesen) Chef. So können Sie sich schützen: Nehmen Sie sich beim nächsten Angriff des Chefs (speziell, wenn er vor vielen Zuschauern passiert) 20 Sekunden Zeit, um abzuchecken: »Wem nützt es, dass ich jetzt hier angeschossen werde?« In den seltensten Fällen wird Ihre tatsächliche oder vermeintliche Inkompetenz die Ursache gewesen sein. Fast immer hat der Chef lediglich eine Statusreduzierung an Ihnen vorgenommen, um sich selbst wieder sicherer zu fühlen und seine Gefährlichkeit (vor den anderen) zu demonstrieren. Seien Sie froh: Im Mittelalter wurde ein Lehnsherr (Frauen waren für diesen Beruf nicht zugelassen) gern auch mal gehängt, um die Ergebenheit der restlichen Truppe gegenüber dem Herrscher zu fördern. Eine sehr wirksame Methode, zumal wenn die Leiche gut sichtbar für jedermann vor den Toren aufgehängt wurde. So eine Leiche diszipliniert ungemein. Das Prinzip ist auch heute noch – leicht abgewandelt – das Gleiche: »Ich reduziere einen Mitarbeiter im Status, mache ihn nieder und habe allein dadurch meine Macht sichtbar erneuert.« Und schon können Sie vielleicht aufhören, diesen Angriff persönlich zu nehmen und nach vermeintlichen Fehlern bei Ihnen zu suchen.

Wisse jederzeit, wer unten und wer oben ist.
Wenn ich interne Seminare in Firmen gebe, weiß ich bei reinen Männerrunden nach drei Sekunden, wer der Boss ist; bei

reinen Frauenrunden können da schon mal mehrere Minuten vergehen.

In der Männerrunde schauen alle Teilnehmer immer wieder zum Chef, um seine Reaktion auf ein neues Thema zu testen. Erst wenn er Zustimmung signalisiert, kann der Rest der Gruppe es auch gut finden. Männer richten sich automatisch und völlig selbstverständlich nach der Nummer eins aus. Machen Sie zum Beispiel am Anfang einen Witz, werden alle erst mal zur Nummer eins schauen; erst wenn er es komisch findet, wird der Rest sich trauen zu lachen. Reine Frauenrunden sind da wesentlich differenzierter. Auch da gibt es diese Kontrollblicke, aber sehr viel seltener.

Das bedeutet unter anderem auch, dass, wenn Sie in großer Runde eine Projektidee vorstellen und – wie es Ihrem Selbstverständnis entspricht – sich an alle im Raum wenden, sich der Chef unter Umständen gelangweilt und desinteressiert geben wird. (Die Kränkung, dass Sie ihm hier nicht die genügende Referenz erweisen, wird er niemals zugeben!) Da sich aber die anderen männlichen Konferenzteilnehmer am Verhalten des Chefs orientieren, werden Sie es mit Ihrer Idee sehr schwer haben. So hart es klingt: Die Rangordnung geht vor Inhalt. Immer.

Das können Sie tun:

Richten Sie Ihre Projektidee konsequent an die Nummer eins, auch wenn Ihnen das absurd vorkommt. Die Gruppe wird Ihnen zuhören, wenn der Chef Ihnen zuhört.

Auch der fatale Hang vieler Frauen, sich mit den Schwächeren zu solidarisieren, mindert ihre Beförderungschancen.

Es gibt niemand gerne zu: Allein die Angst, sich durch die Schwäche des anderen anzustecken wie bei einem gefährlichen Grippevirus, lässt viele Männer (und auch manche Frauen) auf Distanz gehen. Und wenn Sie dann aus edlen Motiven heraus helfen wollen, haben Sie Ihre eigene Position entscheidend geschwächt. Um etwaigen Missverständnissen vorzubeugen: Ich finde das weder menschlich noch moralisch in Ordnung, aber deshalb ist es nicht weniger wahr oder wirksam.

Wer fragt, führt.

Viele Männer dominieren eine Besprechung auch dann, wenn sie nichts präsentieren, nicht im Rampenlicht stehen – durch geschicktes, ausführliches und ungeniertes Fragen. Die seltensten Fragen dienen wirklich der Informationsbeschaffung; sie täuschen Kompetenz und Engagement nur vor – aber funktionieren tut es trotzdem. Irgendwas werde ich an *jeder* Präsentation zu meckern finden. Notfalls erfinde ich eine Schwachstelle. Und dann reite ich so lange penetrant drauf rum, bis noch dem Letzten klar ist: »Also wenn das eine runde Sache wäre, dann würde es hier ja wohl nicht so viel Diskussionsbedarf geben. Der Typ nervt zwar, aber vielleicht hat er ja recht.«

Das können Sie tun:

Die Gegenstrategie kann dann nur darin bestehen, dass Sie bei allen Nachfragen absolut gelassen und souverän bleiben. Sie wissen, es ist eine Masche, die nur darauf abzielt, dass Sie die Nerven verlieren – und den Gefallen tun Sie dem Aggressor nicht. Machen Sie einen Witz auf Kosten des penetranten Nachfragers: »Na, Herr Meier, dazu haben Sie bestimmt auch eine Frage, oder?«, und zeigen Sie so, dass Sie jederzeit das Spiel beherrschen.

Beispiel:

Felix F., Sachbearbeiter in einem Mineralölkonzern und in seiner Abteilung als fauler Hund verschrien, hat einen simplen Trick, den er unentwegt wiederholt und mit dem er sich wirkungsvoll das Wohlwollen und die Unterstützung des Chefs sichert: Selbst völlig frei von eigenen Initiativen und Ideen (die kosten ja womöglich wertvolle Freizeit!), hat er seine Fragetechnik zur wahren Meisterschaft entwickelt. In Konferenzen, wenn neue Vorhaben und Verbesserungen vorgestellt werden, erwacht der ansonsten meist abwesend wirkende Mitarbeiter aus seinem lang anhaltenden Winterschlaf und will alles bis ins kleinste Detail wissen: Gibt es schon Absprachen mit anderen Abteilungen? Wie lange wird der Umstrukturierungsprozess dauern? Wie hoch werden die Kosten für das nächste Quartal geschätzt? usw. Alles richtige Fragen, vielleicht nicht wirklich notwendig zu diesem Zeitpunkt, aber niemand kann ihm nachweisen, dass diese Fragen überflüssig sind. Wobei Felix F. peinlichst genau darauf achtet, sich nicht mit einer zu engagierten Frage eine drohende Mehrarbeit aufzuhalsen. Der Effekt ist verblüffend: Für seinen (zugegebenermaßen fernen) Chef ist Felix F. ein Musterbeispiel an Engagement und Einsatzbereitschaft - ohne auch nur einen Finger krumm zu machen.

Wenn Sie solch einen Blender bei sich in der Abteilung haben, treffen Sie ihn an seiner empfindlichen Stelle: Loben Sie ihn für sein Engagement über den grünen Klee und fordern Sie ihn demonstrativ zur Mitarbeit auf. Die Gefahr wird ihm zu groß werden, also wird er sein Pseudoengagement zurückfahren.

Rechtfertigungen machen Sie schwach.

Wer sich rechtfertigt, klagt sich an, lenkt die Aufmerksamkeit der Zuhörer womöglich erst auf die ungeschützte Flanke. Sie werden von starken Männern selten eine Rechtfertigung hören. Die Bereitschaft, auch vage Vermutungen als Tatsache zu präsentieren, »einfach weil ich es sage«, mag oberflächlich wirken, aber es demonstriert Überzeugungskraft und Führungsstärke. Eine Rechtfertigung, Begründung oder Entschuldigung möchte Verständnis für eine mangelhafte Situation wecken, sucht letztlich die Entlastung bei den anderen: »Wir verstehen dich.« Und die werden Ihnen die meisten nicht geben wollen. Sagen Sie nicht: »Ich kann nichts dafür, dass unsere Bilanz im vorigen Jahr so schlecht war. Der Vertrieb hat uns einfach nicht unterstützt.« Sondern sagen Sie: »Unter den gegebenen Umständen haben wir mit einer außerordentlich guten Bilanz abschließen können.« Treffen Sie mögliche Aussagen über Ihren Bereich immer in der »So ist das«-Form. Je selbstverständlicher und selbstbewusster Sie das tun, umso weniger wird nachgehakt werden.

Wahre dein Gesicht.

Für viele Männer hat das Gesicht-wahren-Wollen erste Priorität. Da werden schon längst abgehandelte Vertragspakete wieder aufgeschnürt, weil ein Verhandlungspartner merkt, dass er sein Gesicht verlöre, wenn er dem ohne Widerstand zustimmte. Diplomaten können Ihnen viele Beispiele für gescheiterte internationale Konferenzen geben, weil auf die Eitelkeit des (unterlegenen) Verhandlungspartners zu wenig Rücksicht genommen wurde. Manch blutiger Krieg findet in solchen Situationen seinen Ursprung. Und auch wenn es in Ihrem Unternehmen Gott sei Dank um weniger weitreichende Entscheidungen geht, so ist geradezu fahrlässig, dieses zentrale Bedürfnis außer Acht zu lassen. Sie werden wesentlich schneller ans Ziel kommen, wenn Sie im entscheidenden Moment Ihrem Gegenüber seine Würde lassen.

Das können Sie tun:

Sind Sie einmal in der überlegenen Position und bestimmen die Spielregeln, machen Sie ein kleines, unbedeutendes Zugeständnis. Ein Mann, der durch diese Geste sein Gesicht wahren kann, wird Ihnen das nie vergessen. Vielleicht haben Sie einen wertvollen Unterstützer gewonnen. Umgekehrt können Sie sich einen Gegenspieler im Handumdrehen zum Intimfeind machen, der Ihnen womöglich jahrelang das Berufsleben schwer macht. Das sollten Sie im Hinterkopf haben, wenn Sie einmal die – vielleicht seltene – Gelegenheit haben, sich für vergangenes Unrecht zu rächen.

Wer rausgeht,
muss auch wieder reinkommen können.

Herbert Wehner

Männliche und weibliche Kommunikation
Wenn zwei dasselbe sagen,
meinen sie noch lange nicht das Gleiche

Die Unterschiede zwischen männlicher und weiblicher Kommunikation füllen ganze Bibliotheken. Zentral scheint mir zu sein, dass die meisten Jungs und Mädchen tatsächlich in völlig verschiedenen kulturellen Systemen aufwachsen und folglich deutlich unterschiedliche Geschlechtersprachen entwickeln. Selbstverständlich wäre es von großem Vorteil, wenn sowohl Männer als auch Frauen die Unterschiede akzeptierten und lernten, sich im jeweils anderen System adäquat auszudrücken. Aber da sich dieses Buch an Frauen wendet, will ich die Übersetzung der weiblichen in die männliche Sprache in den Mittelpunkt stellen. Schon bei Kindern zeigen sich im Spielverhalten große Unterschiede, wie die amerikanische Soziolinguistin Deborah Tannen in ihren Untersuchungen zeigt:

Jungs spielen eher in großen Gruppen, die hierarchisch strukturiert sind, das heißt es gibt meistens einen Anführer, der seinen Status darüber deutlich macht, dass er andere Jungs dazu bringt, seine Befehle auszuführen. Es gibt bei jedem Spiel Gewinner und Verlierer, das grundlegende Gefühl eines Jungen ist: »Wir sind getrennt, wir sind unterschiedlich.« Das überall anzutreffende Spiel »Höher, schneller, weiter« hat einen tiefen Sinn. »Wer ist der Beste?« ist eine superwichtige

Frage für Jungs, es geht um ein kostbares Gut: Status. Je höher mein Status, desto freier bin ich von Anweisungen anderer. Dahinter steckt letzten Endes die Sehnsucht, unabhängig zu sein. »Mir kann keiner.« Diese ritualisierten Auseinandersetzungen verstehen die meisten Jungs (und später ebenso die Männer) als eine Art ergebnisoffener Forschungsreise. »Der will nur spielen.« Es liegt auf der Hand, dass die Beziehungen zwischen Jungs aus diesem Grund von Natur aus asymmetrisch sind. Sobald die Rangordnung geklärt ist, kehrt Ruhe ein. Bis zum nächsten Spiel.

Mädchen spielen eher in kleinen Gruppen, im Mittelpunkt des sozialen Lebens eines Mädchens steht die beste Freundin. Offen gezeigter Status ist verpönt, weil es dem Grundgedanken »Wir sind uns nah, wir sind gleich« widerspricht. Mädchen schaffen ein Netzwerk zwischenmenschlicher Bindungen, in denen es um Bestätigung und Unterstützung, um Nähe und Verbundenheit geht. Wenn ein Mädchen tatsächlich etwas besser kann als seine Freundin, wird es die eigene Leistung in der Regel verharmlosen, weil die Bindung wichtiger ist als der Status. Gemocht werden ist wichtiger als eine hohe Statusposition. Innerhalb der Gruppe ist Intimität von zentraler Bedeutung. Unterschiede bemessen sich nach dem Grad relativer Nähe. »Soll ich dir ein Geheimnis verraten? Du darfst es aber niemandem weitersagen!« Die Beziehungen von Mädchen sind deshalb im Kern symmetrisch.[3]

Natürlich lassen sich auch Gegenbeispiele von eher statusorientierten Frauen und eher bindungsorientierten Männern finden, aber das scheint die Ausnahme zu sein. Deborah Tannen hat hier eine nützliche Regel aufgestellt, mit der sich die unterschiedlichen Verhaltensweisen gut erklären lassen, ohne sie zu bewerten.

Stark vereinfacht können wir also davon ausgehen, dass weibliche Kommunikation um die *Beziehungsfrage* kreist und männliche Kommunikation um die *Statusfrage*. Oder, um es noch stärker zuzuspitzen: Frauen beschäftigt die Frage »Magst du mich?« und Männer die Frage »Hast du Respekt vor mir?«.

Das heißt nun nicht, dass Frauen nur an der Beziehung zum Gegenüber interessiert wären, aber sie ist ihnen eben auch nicht völlig wurscht. Sie wissen intuitiv: Erst wenn die Beziehung hergestellt ist, kann der Inhalt überhaupt Gehör finden. Da Männer aber einen anderen Fokus haben, ist die Beziehungsebene zweitrangig, im Vordergrund steht für sie die Frage »Wer hat hier das Sagen?«. Und wenn diese Frage für ihn geklärt ist, kann ein Mann sich auf seine zweitliebste Tätigkeit in der Kommunikation konzentrieren: den Austausch von Sachinformationen. Meiner Beobachtung nach haben besonders Männer, die in technischen Berufen arbeiten, eine große Sehnsucht nach sogenannter Sachlichkeit.

»Nun wollen wir doch mal nüchtern/pragmatisch/rational/neutral an die Sache rangehen!« Ich höre viele – hauptsächlich – Männer fast beschwörend diese Worte benutzen. Sie können fast immer sicher sein: Da hat jemand Schiss vor Gefühlen, will eine unangenehme Auseinandersetzung auf vermeintlich sicheres Gebiet lenken, weg von unkontrollierbaren und völlig unberechenbaren Gefühlsäußerungen.

Ich behaupte: Diese Männer tun das, weil sie sich auf dem Gebiet der Gefühle unsicher fühlen, sie haben es ja auch nie geübt, sich darin auszudrücken. Es gibt für sie keine klare Gebrauchsanweisung, und auch der Escape-Button ist einfach nicht zu finden. Das heißt: Wenn die Emotionen eskalieren und es knallt, fühlen Männer sich hilflos – und sie hassen es, sich hilflos zu fühlen. Also versuchen sie, die Dinge »sachlich« zu regeln. Und übersehen dabei, dass wir nicht einmal die Uhrzeit ansagen können, ohne eine emotionale Botschaft zu transportieren und ohne gleichzeitig das Verhältnis zum Gegenüber auszudrücken.

»*Es ist jetzt halb vier!*« Wie klingt das? Unwirsch? Überheblich? Drohend? Bedauernd? Zugewandt? Herzlich? Erschöpft? Anklagend? Verwundert? Kleinlaut?

Probieren Sie es aus: Sie werden keine hundertprozentig neutrale Haltung dazu finden, die nicht immer auch etwas Persönliches transportiert. Und selbst in der vermeintlich nüchternen Version lässt sich nicht verhindern, dass das Gegenüber durch die Art, *wie* es gesagt wird, Rückschlüsse auf das Verhältnis zu sich zieht. »Wieso bist du denn auf einmal so distanziert zu mir?«

Es gibt ein berühmtes Filmexperiment: Emotionale Bilder werden unterschnitten mit der Nahaufnahme eines Betrachters dazwischen. Eine Filmsequenz von circa 15 Sekunden zeigt eine friedvolle Landschaft mit blühender Wiese und einem kleinen Bach, anschließend blickt ein Mensch für zehn Sekunden entspannt in die Kamera. Eine neue Sequenz, dieses Mal mit zerstörten Häusern und Toten, danach blickt derselbe Mensch wieder für zehn Sekunden in die Kamera. Zum Schluss wieder eine emotionale Sequenz, ein lachendes Baby, danach wieder der Betrachter. Dieser Film wurde Studenten einer Filmhochschule vorgeführt, und ihnen wurde folgende Frage gestellt: »Was glauben Sie, denkt und empfindet der Betrachter?«

Die Antworten fielen unterschiedlich aus, je nachdem, welche Sequenz davor geschnitten wurde. »Er ist heiter und entspannt. – Er ist traurig. – Er freut sich.«

Niemandem war aufgefallen, dass es sich bei dem Filmaus-
schnitt mit dem Betrachter dreimal um ein- und dieselbe Sequenz handelte! Die Studenten hatten also ihre Gefühle auf
den Betrachter projiziert und dort wahrgenommen. Ein klassischer Fall von Projektion.

Das ist auch meine Erfahrung in meinen fast 30 Berufsjahren als Schauspieler: Es gibt in der menschlichen Kommunikation keine Information ohne Emotion. Wer etwas wirklich
rein sachlich transportieren will, muss es aufschreiben. (Das
scheint auch der Grund zu sein, warum in SMS oder
E-Mails Zwischentöne wie Ironie und Humor oft verloren
gehen.)

Also ohne Beziehungsebene geht es nicht, sie macht den
Löwenanteil unserer Kommunikation aus. Aber viele Männer
versuchen es hartnäckig immer wieder, diese Ebene auszublenden, weil sie sich damit unbehaglich bis hilflos fühlen.
Damit sind diese Männer übrigens auch allen Alphamännchen unterlegen, die die Beziehungsebene sehr wohl benutzen – und sei es nur dazu, den anderen zu dominieren.

Für die Kommunikation von Frauen mit Männern ergeben
sich daraus konkrete Handlungsanweisungen:

1. Es kommt nicht auf die Formulierung oder den Wortlaut eines Satzes an, sondern auf die unterschwellige Status-Botschaft.

»Wer hat hier das Sagen?« Status geht vor Inhalt. Immer. (Ich
meine »immer!«)

2. Männer lieben klare Ansagen.
Nur Hauptsätze, höchstens sechs Worte lang. »Bring den Müll raus!« versteht jeder Mann. Wenn Sie erst die Beziehungsebene bedienen und die Handlungsanweisung im Nebensatz verstecken, müssen Sie sich nicht wundern, wenn er es nicht gehört hat.

3. Vermeiden Sie Erklärungen und Begründungen.
Vieles, was Frauen als plump oder (zu) hart empfinden – »So möchte ich aber nicht behandelt werden!« –, ist für Männer ein ganz normales Gespräch »Das ist doch kein persönlicher Angriff – hier geht's um die Sache.« Befragt man die Männer nach so einem Gespräch, schätzen die meisten das offene und klare Wort sehr. Jetzt wissen sie, woran sie sind.

4. Sie dürfen Kollegen und Mitarbeiter ruhig unterbrechen.
Wenn Sie zu höflich sind, wird Ihnen das als Schwäche ausgelegt. (Wer hat hier das Sagen?)[4]

5. Einmal geäußerte Botschaften dürfen (vor allem von der Chefin) oft wiederholt werden.
Auch wenn Sie sich dabei ein bisschen dämlich vorkommen.

6. Je schneller Sie sprechen, umso schwächer wirkt Ihre Position.
Betont langsames Sprechtempo strahlt Überlegenheit aus. Ebenso können taktische Pausen einen großen Effekt haben.

7. Vermeiden Sie Männern gegenüber Weichmacher in Ihren Äußerungen, die einschränkend, abschwächend oder verharmlosend wirken können.

Worte wie »vielleicht«, »eigentlich«, »ziemlich« machen Ihre Aussage in den Ohren vieler Männer unbrauchbar, weil es diffus und unkonkret wirkt. Manche Frauen scheuen klare, direkte Ansagen, sie wirken ihnen zu unhöflich und platt. Deshalb benutzen sie diese Worte als Verschleierung. Das funktioniert so gut, dass die Aussagen bei den Männern überhaupt nicht ankommen. Ein klarer Fall von danebengegangen.

8. Personalisieren Sie Ihre Sätze.

Sagen Sie nicht: »Es wäre doch schön, wenn wir alle zusammen …« Da spürt der Mann nicht, was Ihr Standpunkt bei der Angelegenheit ist. Der Aufforderungscharakter dieses Satzes ist ungefähr so hoch wie bei: »Heute ist aber schönes Wetter«, also gleich null. Wenn Sie den Satz beginnen mit: »Ich will gerne …«, kann er über Ihre Haltung keinen Zweifel mehr haben und sich entsprechend dazu verhalten.

9. Vermeiden Sie eine überkorrekte oder übertrieben höfliche, »gedrechselte« Ausdrucksweise.

Ihr Gegenüber spürt darin intuitiv Ihr Bedürfnis, es jedem recht machen zu wollen. Das schwächt Ihre Position von vorneherein.

Generell gilt: Für Frauen bedeuten bestimmte Formulierungen etwas ganz anderes als für Männer. Nur tritt das selten

offen zutage, weil die Bedeutung der Worte für das Gegenüber gar nicht infrage gestellt und überprüft wird. So müssen
bestimmte Sätze in gewissem Sinne übersetzt werden, um
Missverständnisse auszuräumen:

Die Frage »Vielleicht sollten wir die Zielgruppe überden-
ken?« klingt für viele Frauen wie ein konkreter, wenn auch
höflich formulierter Vorschlag. Männer interpretieren so eine
Frage ganz anders: »Ist ihr das gerade eingefallen? Sie ist sich
nicht sicher, sonst würde sie nicht fragen. Sie hat sich offensichtlich auf das Meeting gar nicht richtig vorbereitet.«

Also sprechen Sie besser von sich: »Ich schlage vor, dass wir
die Zielgruppe neu definieren. So macht es keinen Sinn für
mich.«

Auch eine eigene Leistung aus Bescheidenheit kleinzureden – »Das ist doch selbstverständlich, das hätte doch jeder
getan« – kommt bei vielen Männern nicht gut an. In die
Männerlogik übersetzt heißt das: »Sie redet schlecht über ihre
eigene Arbeit. Dann kann die Leistung auch nicht so doll gewesen sein. Wenn sie von sich überzeugt wäre, würde sie es
nicht so einschränken.« Also sagen Sie nicht: »Das ist doch
selbstverständlich«, sondern gehen Sie sprachlich in die Of-
fensive: »Ihr Lob freut mich. Das ist eine schöne Anerkennung.«

Oftmals spüre ich in der Bescheidenheit die unausgesprochene Hoffnung der Frauen dahinter, dass ihnen im Fall solch
offensichtlicher Tiefstapelei von der Gegenseite widerspro-
chen wird. »Na, jetzt stellst du aber dein Licht zu sehr unter
den Scheffel!«

Nach meiner Erfahrung funktioniert das nicht. Männer
nervt so viel Bescheidenheit eher. Sie nehmen das Gesagte
wörtlich und denken eventuell noch hinterher: »Wenn sie sel-

ber schon so wenig davon hält – stimmt, war ja auch wirklich keine große Nummer.«

Einen Erfolg zu kollektivieren ist Balsam für die Mitarbeiter: »Das habe ich nicht alleine getan, das hat unser ganzes Team geschafft.« Ihre Abteilung freut sich und alle bekommen rote Öhrchen. Das haben die Jungs und Mädels aber auch wirklich verdient, finden Sie. Leider sieht Ihr Gegenüber das ganz anders. Übersetzt in die Männersprache heißt es nämlich: »Sie versteckt ihre eigene Leistung, wahrscheinlich war ihr persönlicher Beitrag gering.« Versuchen Sie es mal mit folgender Formulierung: »Ja, ich bin sehr stolz auf mich. Das ist ein klasse Ergebnis. *Und* ich bin sehr stolz auf meine Leute. Die haben alle toll mitgezogen.« Der Fokus liegt eindeutig bei Ihnen, und die Streicheleinheiten für Ihre Mitarbeiter sind zwar etwas kleiner, aber immer noch deutlich.

Frauen, die zuhören, signalisieren dem Gegenüber oft durch bestätigende Reaktionen wie »mhm, ja, aha«, dass sie zuhören: »Ich bin bei dir, ich kann dir folgen.« Für Männer heißt »Ja« aber meist eindeutig: »Ich stimme dir zu.« Und sie sagen auf keinen Fall »Ja«, wenn sie sich der anderen Meinung nicht ausdrücklich anschließen wollen. Viele Frauen denken aber, wenn die Zuhörarbeit in Form von Bestätigungsworten ausbleibt, dass ihnen die Männer überhaupt nicht zuhören. Eine große Quelle ewiger Irritationen.

»Es tut mir leid, dass Ihr Projekt nicht so gut geklappt hat.« Diese Formulierung sollten Sie überhaupt nicht benutzen, sie führt fast zwangsläufig zu Missverständnissen.

Missverständnis Nr. 1: Für viele Männer heißt das übersetzt: »Sie hat Mitleid mit mir.« Und wenn Männer eines nicht wollen, dann ist es bemitleidet zu werden!

Beispiel:
> Ich habe mich selbst mal einem Filmproduzenten gegen-
> über mit dieser unbedachten Formulierung ins Abseits ma-
> növriert. Ich sprach ihn auf einem Filmempfang auf seine
> TV-Serie an, die leider nicht genug Quote gemacht und für
> die er deshalb keinen Auftrag für eine Folgestaffel bekom-
> men hatte. Mir tat dieser Vorgang wirklich leid, der Mann
> hatte viel Geld in die Hand genommen und war mit diesem
> Projekt gescheitert. Als er mich den Satz sagen hörte: »Es
> tut mir leid, dass Ihre Serie nicht verlängert wird!«, erstarrte
> er, drehte sich wortlos um und ging. Das Letzte, was dieser
> Mann von mir hören wollte, war Mitleid. Und ich war von
> seiner Reaktion völlig verblüfft. Ich hatte ihn gar nicht be-
> mitleiden wollen!

Missverständnis Nr. 2: Je nach Tonlage klingt der Satz »Es
tut mir leid, dass …« oft nach einem Schuldeingeständnis und
bedeutet übersetzt: »Ich habe etwas falsch gemacht.« (Sonst
täte es dir ja wohl nicht leid, oder?)

Überhaupt ist eine Entschuldigung für viele Männer die
größtmögliche Form der Erniedrigung; ein klares Zeichen
von Schwäche. (Achtung, Statusfalle!) Weshalb Sie so etwas
von diesen Männern auch nur äußerst selten zu hören bekommen. Und: Männer hassen diese – womöglich auch noch
tränenerstickte – Art der Selbstkasteiung von Frauen. Sie
würden es mit Sicherheit nicht zugeben, aber es berührt sie
unangenehm und sie wissen nicht, wo sie die Plärrmaschine
ausstellen können. Ein Mann im Urwald, ohne Waffen, um-
geben von Raubtieren, würde sich sicherer fühlen als in so
einer emotionalen Situation.

Benutzen Sie also lieber die Formulierung »Es ist schade,

dass …«. Auch für männliche Ohren klingt das nicht nach einer Entschuldigung oder nach Mitleid.

Frauen haben oft das Bedürfnis, eine Forderung durch einen Konjunktiv abzumildern. »Ich möchte gerne mehr Geld verdienen.« Bei Männern kommt es als Einschränkung an, die der Ansage die Spitze nimmt. »Es scheint nicht wirklich dringend zu sein.« Männer formulieren es anders: »Ich brauche eine Gehaltserhöhung!« Nun ist auch diese Formulierung keine Zauberformel, die eine Gehaltserhöhung garantiert. Aber da der Chef meistens ebenfalls männlich ist, wird er auf eine dominante Formulierung eher reagieren als auf eine indirekte. Wenn überhaupt ein finanzieller Spielraum vorhanden ist, hat die direkte Aufforderung mehr Aussicht auf Erfolg.

Das können Sie tun:

Wenn Sie wieder einmal eine Äußerung Ihres Chefs/Kollegen/Mitarbeiters ratlos gemacht hat, bitten Sie einen empathisch begabten männlichen Freund, Ihnen das Gesagte zu übersetzen. »Was verstehst du, wenn du hörst …«?

Ich garantiere Ihnen: Sie werden über die Antwort oft sehr verblüfft sein. Zu oft wird übersehen: Es handelt sich tatsächlich um verschiedene Sprachwelten zwischen Männern und Frauen. Die Unterschiede will ich gar nicht bewerten. Suaheli ist nicht besser als Deutsch oder Chinesisch. Es ist nur anders.

Die Personalberaterin Maria Fischer brachte es auf den Punkt: »Frauen, die es in hohe Chefpositionen geschafft haben, sind immer besser als ihre männlichen Konkurrenten. Sie haben nicht nur eine immense sprachliche und körpersprachliche Anpassungsleistung hinter sich, weil sie sich auf fremden Plätzen behauptet und durchgesetzt haben, sondern beherrschen zwei Systeme perfekt: das fremde und das eigene. Will sagen: Männer an der Spitze bewegen sich wie Fische im Wasser. Frauen dann auch, aber sie können außerdem noch fliegen.«[5]

Berühmte Irrtümer über Karriereplanung
Ihre Überzeugungen auf dem Prüfstand

Wir alle haben unüberprüfte Glaubenssätze, mit denen wir durchs Leben gehen. Sie bilden so etwas wie das Rückgrat unserer täglichen Handlungen, das uns in Krisenzeiten immer wieder auf den rechten Weg bringen soll. Oft funktioniert es nicht in der gewünschten Weise. Es sind alte Glaubenssätze, die vielleicht früher einmal funktioniert haben, als wir klein waren. Aber heute leben wir in anderen Zusammenhängen und in anderen Zeiten. Deshalb lohnt es sich, auch da mal genauer hinzusehen. In meinen Seminaren begegne ich immer wieder den gleichen Überzeugungen. Die aus meiner Sicht wichtigsten Irrtümer will ich Ihnen jetzt vorstellen.

1. Qualität setzt sich früher oder später durch.
Viele Mitarbeiterinnen arbeiten lange Jahre mit dieser uneingestandenen Hoffnung im Herzen, die übersetzt folgende Sehnsucht artikuliert: »Papi (oder Mami) wird irgendwann schon sehen, dass ich ein gutes Mädchen bin.« Sie arbeiten verbissen und still vor sich hin und wundern sich so manches Mal, dass Kollegen, die nach ihnen eingestellt wurden, sie

schon lange überholt haben und die Karriereleiter hochge-
klettert sind, sie aber immer noch auf ihrer Position hocken –
als hätte sie jemand dort vergessen. Sie steigern ihren sowieso
schon hohen Arbeitseinsatz manchmal bis an die gesund-
heitsgefährdende Grenze, riskieren Hörstürze, Herzinfarkte
und Burn-outs, um irgendwann, irgendwann einmal vielleicht
doch gesehen und erkannt zu werden.

Jaaa, das brave Mädchen spürt genau: Irgendwann wird es
so weit sein. Aber damit dieses selbst geschriebene Drama
mit Happy End auch wirklich so und nicht anders stattfinden kann, muss das brave Mädchen gaaanz still sein und leise
vor sich hinleiden. Sonst würde es sich ja das schöne Ende
versauen! Die Hoffnung stirbt bekanntlich zuletzt. Schauen

wir uns die drastischen Folgen mal an einem realen Beispiel an:

Beispiel:

Claudia P. arbeitet als Kulturmanagerin bei einer großen Versicherung in Düsseldorf. Sie organisiert bundesweit rund um die Uhr die zahlreichen kulturellen Veranstaltungen, Förderpreise, Wettbewerbe und Endausscheidungen des für sein Engagement in der Jugendförderung weit über die Stadtgrenzen hinaus bekannten Unternehmens. Sie macht ihre Sache gut – Pannen kommen in ihrem Bereich so gut wie nicht vor. Sie ist stolz darauf, dass sie so manches Mal die Kastanien aus dem Feuer geholt hat, ohne den anderen auch nur davon zu berichten. Im Gegenteil: Es ist ihr ganzer Ehrgeiz, »es alleine zu schaffen«. Aber sie leidet an der mangelnden Anerkennung für ihren Einsatz. Jahrelang hängt sie an der uneingestandenen Hoffnung, eines Tages doch noch in ihrem Wert erkannt zu werden. Als ihre stressbedingten Krankheiten zunehmen, kündigt sie entnervt und enttäuscht und wechselt die Branche. Im Verlauf der nächsten einein-halb Jahre versucht die Firma, die Stelle adäquat zu besetzen, aber niemand ist den Anforderungen auf diesem Schleudersitz gewachsen. Nach langem Hin und Her entschließt sich die Firma, die Position aufzusplitten, und stellt für das gleiche Anforderungsprofil zwei Leute ein, mit voller Stundenzahl.

Natürlich hat Claudia P. im Nachhinein einen Bombenstand in der Firma. Aber jetzt ist es definitiv zu spät. Von den überschwänglichen Lobeshymnen hat sie nichts mehr.

Das können Sie tun:

Zuerst einmal ist es gut, wenn Sie sich klarmachen, wie Chefs Ihre Arbeitsleistung beurteilen. Die sitzen ja nicht wie das sprichwörtliche Mäuschen auf Ihrer Schulter und erleben Sie in den wenigsten Fällen live bei Ihrem unermüdlichen Einsatz. Und doch haben Chefs eine feste Meinung zu der Leistungsfähigkeit und dem Arbeitseinsatz ihrer Mitarbeiter.

Da geht es den Chefs wie allen Menschen: Bei dem, was wir nicht tatsächlich überprüfen können, urteilen wir danach, was wir über die betreffende Person *glauben*. Was wir gehört haben, was wir vermuten, wie es den Anschein hat. Mit anderen Worten: Wir richten uns nach dem Image einer Person, dem Bild, das wir uns von ihr gemacht haben.

Und das vergessen die Schäfchen dieser Welt so gerne. Dass sie selbst verantwortlich sind für das Bild, das sich andere von ihnen machen. Es kommt ihnen fast ehrenrührig vor, positiv von sich zu berichten, ihre eigenen Leistungen hervorzuheben, also etwas für ihr Image zu tun. Für sie ist das vergeudete Zeit. Sie wollen über ihre Arbeit, über das Ergebnis erkannt und belobigt/belohnt werden. Aber in vielen Fällen gibt es schlicht keine Kennzahlen, die eine Leistung adäquat abbilden. Was nutzt Ihnen Ihr Feuerwehreinsatz, wenn Sie die Einzige sind, die das Feuer bemerkt? Welche Respektsteigerung bewirkt beständiges und sorgfältiges Arbeiten?

Ich bin – wie Sie wahrscheinlich auch – davon überzeugt, dass Qualität in der Arbeit absolut notwendig ist. Aber es ist außerdem wichtig, gut über sich und seine Leistung zu reden. Auch wenn Sie es überflüssig finden. Gezielt an die Kollegen gestreute Informationen über die eigene Leistung kommen spätestens beim nächsten Mitarbeitergespräch mit Ihrem Chef wieder zu Ihnen zurück. Probieren Sie es aus.

Vielleicht fällt es Ihnen dann leichter, Ihre Sehnsucht, ohne eigenes Zutun erkannt zu werden, aufzugeben.

2. Mit Freundlichkeit komme ich weiter.
Wenn wir anderen Menschen freundlich begegnen, freuen wir uns, wenn unser Gegenüber ebenso freundlich zu uns ist. Die Atmosphäre ist entspannt, das Leben präsentiert sich behaglich. In vielen Fällen funktioniert das wunderbar, aber es gibt auch Ausnahmen. Dann stellen wir verblüfft fest, dass es Menschen gibt, denen Freundlichkeit und Harmonie höchst unwichtig zu sein scheinen. Und erst wenn mal jemand nicht so richtig mitspielt, fällt auf, dass wir eigentlich mit unserer Freundlichkeit einen versteckten Deal eingehen, nach dem Motto: »Ich werde freundlich zu dir sein, und dafür erwarte ich, dass du freundlich zu mir bist.« Es ist ein unausgesprochenes Tauschgeschäft, ein Nichtangriffspakt. Und es ist wichtig festzuhalten: Wir haben den anderen nicht gefragt, ob er dem Tauschhandel, dem Pakt überhaupt zustimmt.

Natürlich ist dieser Deal in Gefahr, wenn der andere nicht mitspielt. Und doch können viele Schäfchen auch dann noch nicht von der fast schon reflexartigen Freundlichkeit lassen. Dabei ist das Signal an mein Gegenüber in diesem Fall fatal: »Mir der kann ich's machen – die lässt sich alles gefallen.«

So hart es klingt: Ihre unangemessene Freundlichkeit auch nach Beleidigungen, Ehrverletzungen oder auch nur gebrochenen Vereinbarungen gibt möglichen Aggressoren einen Freibrief für weitere Aktionen. So legen potenzielle Mobbingopfer selbst das Fundament, auf dem sie zukünftig zum Opfer gemacht werden.

Rudolf Dreikurs spricht in seinem Klassiker *Kinder fordern uns heraus* in diesem Zusammenhang von »Muttertaubheit«. Mehr dazu im Kapitel »Streiten, aber richtig! – Zu tragfähigen Lösungen kommen«.

Beispiel:

Marianne H., stellvertretende Abteilungsleiterin in einer großen Telekommunikationsgesellschaft in Basel, ist verzweifelt: Ihre Kollegen und selbst ihre drei Mitarbeiter, denen gegenüber sie weisungsgebunden ist, tanzen ihr auf der Nase herum. »Die hören einfach nicht auf das, was ich ihnen sage!«, beschwert sie sich im Coaching-Gespräch. Sie bemüht sich seit Jahren, freundlich und offen zu ihren Kollegen zu sein. Ihr ist nach eigener Aussage ein gutes Betriebsklima wichtig. Unausgesprochen fühlt sich Marianne H. dafür in ihrer Abteilung zuständig, sie ist die sprichwörtliche gute Seele des Teams. Daraus bezieht sie ihre Identifikation, auch wenn sie sich ärgert, dass andere sich nicht an die gemeinsam vereinbarten Spielregeln halten. Und sie leidet an dem mangelnden Respekt der Kollegen und Mitarbeiter ihr gegenüber. Im weiteren Verlauf des Gesprächs wird klar: Sie hat die Kollegen zu dem respektlosen Verhalten erst erzogen.

Wie hat sie das gemacht? Indem sie zwar Anweisungen gegeben hat (»Ja, ich bin hier der Chef!«), auf deren Nichteinhaltung aber nicht angemessen reagiert hat (Achtung, Klimavergiftung!). Stattdessen hat sie sich auf freundliche Ermahnungen beschränkt. Die Mitarbeiter lernten schnell: »Es macht nichts, wenn ich die Regeln nicht einhalte.« Gelegentliche Wutausbrüche von Marianne H., für die sie sich hinterher wortreich entschuldigt, stärkten die Mitarbeiter in ihren Überzeugungen.

Um dieser Verwöhn-Verwahrlosung zu begegnen, entwerfen wir einzelne Strategien, wie sie ihre Kollegen und speziell ihre Mitarbeiter verblüffen kann. Am wichtigsten und wirkungsvollsten ist, dass sie bei Nichteinhaltung einer Vereinbarung vorher angekündigte Konsequenzen ohne schlechtes Gewissen entspannt auch durchsetzt. So hat sie sich allmählich einen anderen Ruf erworben: Dass es unbequem ist, sich mit ihr anzulegen, weil sie ihrer eigenen Ansage gegenüber treu bleibt, auch wenn es hart auf hart kommt. »Mein Respekt meinen eigenen Bedürfnissen gegenüber hat den Respekt der anderen erst möglich gemacht«, sagt sie zu mir im Abschlussgespräch.

Das können Sie tun:

Machen Sie sich klar: Ihre (manchmal unangemessene, weil womöglich zwanghafte) Freundlichkeit entspringt Ihrem Bedürfnis, selbst freundlich behandelt zu werden.

Solange das funktioniert und Ihnen tatsächlich freundlich begegnet wird: Alles gut. Falls sich jemand Ihnen gegenüber aber unangemessen pampig oder schroff verhält, ist es höchste Zeit, die emotionalen Stricke zu kappen. Der versteckte Deal hat offensichtlich nicht funktioniert! Die Respektlosigkeit des anderen sollte Sie daran erinnern, dass es jetzt Ihren eigenen Respekt für Ihr Anliegen und für Ihre Ansagen braucht. Wie viel ist mir mein Wort wert? Freunde werden Sie wahrscheinlich nicht mehr werden. Aber wie hoch war die Chance vorher, als Sie noch um Wohlwollen bettelten? Ziehen Sie entspannt die angekündigten Konsequenzen. Sie werden verblüfft sein, was für eine Wirkung das hat.

3. Ich brauche kein Vitamin B.

Immer noch stelle ich diese Haltung bei einzelnen Seminarteilnehmern fest, insbesondere bei den stolzen Menschen, die eine gewisse Autarkie ausstrahlen. Sie beziehen einen Teil ihrer Kraft aus dem Selbstverständnis, alles aus eigenem Antrieb geschafft und erreicht zu haben. Unausgesprochen steht da auch die Feststellung im Raum: »Ich habe meinen Aufstieg alleine geschafft, also habe ich die Situation und ihren weiteren Verlauf auch selbst unter Kontrolle.« Aus meiner Sicht eine fatale Fehleinschätzung. Ein Netzwerk ist in der heutigen Zeit überlebensnotwendig. Für alle, die nicht gerade auf einer einsamen Hallig Schafe züchten. Und selbst denen wünsche ich bei Sturmfluten gute Helfer und Retter!

Aber im Ernst: Ein Netzwerk kann Sie in schweren Zeiten unterstützen und im wahrsten Sinn des Wortes beschützen, wenn Sie in Not sind. Es ist heutzutage fahrlässig, keines zu haben. Aber knüpfen Sie Ihr Netzwerk in guten Zeiten; wenn es Ihnen schlecht geht, ist es für diese Form der Absicherung zu spät. Ich werde jemandem, der in guten Zeiten nichts von mir wissen wollte, doch in der Not nicht helfen, warum sollte ich? Seine Not könnte zudem auf mich überspringen, ich stecke mich womöglich noch an. Das werde ich nicht riskieren. Die vergangene Wirtschaftskrise bietet anschauliche Beispiele dafür: Warum werden Manager, die siebenstellige Geldbeträge verbrennen, überraschend oft nicht abgeschossen? Warum bleiben sie, vielleicht etwas in ihren Kompetenzen gestutzt, aber ansonsten wohlversorgt in ihrer sozialen Hängematte? Dafür kann es nur eine Erklärung geben: Ihr Netzwerk ist so dicht, dass sie sich in diesem Organismus unentbehrlich gemacht haben.

Und auf der anderen Seite werden auffallend oft Einzeltäter aufgrund kleiner, eher nebensächlicher Vorkommnisse gekündigt. Auch der berühmte Bauer, der geopfert wird, ist mit Sicherheit nicht richtig vernetzt.

Das können Sie tun:

Zu oft wird Netzwerkpflege unter dem reinen, eher kurzfristigen Nützlichkeitsaspekt gesehen. Wer kann mir wobei helfen, wer mir welche Wege ebnen? Dadurch verkommt der Gedanke des Netzwerkens zu einer reinen Zweckveranstaltung. Seien Sie sich bewusst, dass Sie viele Entwicklungen und überraschende Wendungen überhaupt nicht vorhersehen können. Wer heute noch in der Hierarchie unter Ihnen steht, kann morgen schon Ihr Vorgesetzter sein. In der Filmbranche gibt es ein geflügeltes Wort dafür: Sei freundlich zu jedem Praktikanten. Es kann sein, dass er übermorgen dein Chef ist.

4. Demokratie ist die Entscheidungsform, die die besten Ergebnisse liefert.

Unser ganzes Gemeinwesen baut auf dem wesentlichen Gedanken auf, dass wir durch Demokratie einen Konsens in der Gesellschaft herstellen können, durch den wir Entschlüsse gemeinschaftlich tragen, auch wenn der Einzelne dagegen ist. Damit stimme ich absolut überein. Fahrlässig wird für mich der Umgang mit Demokratie, wenn in ihr auch die beste Lösung für Abstimmung in der eigenen Umgebung, der eigenen Abteilung gesehen wird.

Nehmen wir an, Sie wollen in großer Runde ein Herzensprojekt von sich vorstellen. Ein Projekt, in das Sie viel Zeit, Kraft und Mühe gesteckt haben und das Sie jetzt zur Abstimmung stellen wollen. Wie groß ist die Chance, dass das Projekt fair, angemessen und mit der nötigen Konzentration beachtet und bedacht wird? Nach meiner Erfahrung verschwindend gering.

Beispiel:

Betrachten wir eine typische Konferenz in einer ganz normalen Firma. Abteilungsleiter N., der die Sitzung leitet, ist nicht gut drauf. Die Umsatzzahlen des letzten Quartals waren sehr schlecht, und es macht sich eine gereizte Stimmung in ihm breit, wenn wie jetzt wieder mal so hirnrissige Projekte vorgeschlagen werden, die unverschämterweise auch noch Geld kosten sollen. Dass diese Investition in ein bis zwei Jahren großen Nutzen einfahren kann, hat er gar nicht mitgekriegt. Sein Bauch war schon auf Ablehnung gepolt, seine Meinung stand schon lange fest, bevor die Präsentation vorüber war.

Neben ihm sitzt Sachbearbeiter K., der seiner Frau eigentlich versprochen hat, heute früher nach Hause zu kommen, und sorgenvoll daran denkt, dass es jetzt doch schon 18:30 ist und er sich garantiert daheim wieder Vorwürfe anhören muss. Seine Aufmerksamkeit für das neue Projekt tendiert gegen null. Er wird sich einfach nach dem Votum seines Chefs richten. Damit ist er bisher immer gut gefahren.

Auf der anderen Seite des Tisches finden wir Kollegin A. Auch ihre Gedanken schweifen immer wieder ab. Sie ärgert sich über eine respektlose Bemerkung von K. heute Vormittag und will ihn im Anschluss an die Konferenz noch unter vier Augen zur Rede stellen. »Was werde ich ihm sagen?«, geht dauernd durch ihren Kopf, sie ist eigentlich nur noch körperlich anwesend, hat im Kern gar nicht mitgekriegt, um was es hier eigentlich geht, und wird sich – wie stets – ihrer Stimme enthalten, dann kann sie nichts falsch machen, und wichtiger noch: Es kann ihr hinterher keiner einen Vorwurf machen.

So ließe sich die Reihe der Mitspieler in der gedachten Runde mühelos fortsetzen. Beobachten Sie mal, wie hoch die allgemeine Konzentration nach 45 Minuten Konferenz ist, und geben Sie jedem Anwesenden eine geschätzte Energiezahl von 0 bis 100 Prozent. Je länger die Besprechung dauert, desto sicherer sinkt dieser Index auf unter 40 Prozent. Garantiert. Und in dieser unkonzentrierten, lustlosen Umgebung wollen Sie Ihr Baby, Ihr Projekt, für das Sie so lange gekämpft haben, zur Abstimmung bringen? Keine gute Idee.

Das können Sie tun:

Nehmen Sie sich im Vorfeld einer solchen Sitzung die Zeit und stellen Sie jedem Einzelnen im Vier-Augen-Gespräch Ihre Idee vor. Bitten Sie um die Meinung des anderen. Dann wissen Sie schon vor der Abstimmung mit hoher Wahrscheinlichkeit, wie die Mehrheitsverhältnisse ausfallen werden. Ja, das kostet viel Zeit. Aber sie ist gut investiert. Und wenn die Chance der Zustimmung zu gering ist, verzichten Sie auf die Präsentation und warten auf eine bessere Gelegenheit. So einfach werden Sie sich Ihr Lieblingsprojekt nicht verheizen lassen.

5. Wenn ich perfekte Arbeit mache, bin ich unangreifbar.

Es ist ein ziemlich hartnäckiger Glaube, dass Perfektionismus vor der »feindseligen« Außenwelt schützen wird. Dabei habe ich persönlich noch nie erlebt, dass dabei etwas anderes herauskommt als Zeitmangel und Frust. Der unangemessen hohe Aufwand, der dafür nötig ist, die Dinge »perfekt« zu machen, steht in keinem Vergleich zu der Arbeitszeit und der Kraft, die investiert werden. Trotzdem sind immer wieder und überall die Botschafterinnen des Perfektionismus anzutreffen (auch männliche Exemplare dieser Spezies sollen schon gesichtet worden sein).

Wenn ich den Hang zum Perfektionismus – der nicht zu verwechseln ist mit Engagement und Leistungsbereitschaft – auf seinen Kern zurückführe, dann erlebe ich immer etwas Geschlossenes, Enges. »Ich behalte die Kontrolle über mein Leben«, scheinen die Perfektionisten zu sagen. »Wenn ich mich nur richtig anstrenge, dann wird XY mich anerkennen, dann wird XY endlich merken, dass ...«

Ja, was? Was genau sollen die anderen merken? Ihnen etwa eine Bestätigung geben für etwas, an dem Sie selbst zweifeln? Es kommt mir so vor, als hätten die Perfektionisten für sich nur dann eine Daseinsberechtigung, wenn sie 150 Prozent abliefern, weit über das übliche und normale Maß hinaus. Die eigene Arbeit muss zwingend ohne Makel, ohne Fehl und Tadel sein, da gibt es keine Gnade, kein »fünf gerade sein lassen«, keine Entspannung. Und tatsächlich ist eines der hervorstechendsten Merkmale der Perfektionisten die Freudlosigkeit. Es scheint, als ob sie immerzu ein Opfer bringen müssten, ein Opfer auf dem Altar ihrer eigenen Daseinsberechtigung. Sie sind getrieben von einem unsichtbaren Sklaventreiber, der ihnen das Leben schwer macht.

Und diese Mühsal dünsten die Perfektionisten aus allen Poren aus, es ist, als ob sie ihre inneren Zweifel ungewollt, aber für alle unübersehbar präsentierten.

Auch wenn sie sich eine dünne Schicht aus scheinbarer Leichtigkeit und Lässigkeit zulegen, um so die eigentliche Not zu vertuschen, dieses unangemessene Sich-Abmühen, diese Freudlosigkeit lässt sich nicht verheimlichen. Und bringt die anderen erst auf den Gedanken, etwas könnte mit ihrer Arbeit nicht in Ordnung sein – ein Teufelskreis beginnt.

Sie fragen sich, warum ich das so plastisch beschreiben kann? Ich habe selber große Anteile in mir, die alles perfekt machen wollen, und arbeite an der Auflösung dieses selbst gewählten Gefängnisses.

Machen Sie sich bewusst: Es gibt kein perfektes Arbeitsergebnis. Wenn Ihnen jemand am Zeug flicken will, wird er/sie schon irgendwas finden. Zur Not erfindet er was. Kennen Sie das lustige Strategiespiel »Konzentration auf das 3-Prozent-Defizit«?

Es geht ganz einfach: Da hat die Kollegin Sonja G., die sich sowieso schon mächtig ins Zeug legt, wirklich eine prima Präsentation hingelegt, alle Achtung! (Was ich ihr aber nicht sage, das wäre ja noch schöner). Im Grunde sind alle Folien optisch ansprechend und gut durchdacht, ihr Vortrag ist fließend und lebendig. Einfach gute Arbeit. Aber natürlich gibt es auch eine oder zwei Folien, die, hm, sagen wir, nur mittelmäßig sind, etwas weich in der Botschaft, einfach nicht so ganz auf der Höhe des restlichen Arbeitsergebnisses. Jetzt werde ich, wenn ich ihr Böses will, mich genüsslich genau in diese Folien und Punkte verbeißen, immer wieder Fragen genau zu diesem Punkt stellen, naiv, erstaunt und schwer von Begriff, so lange, bis auch der Letzte im Raum gemerkt hat: »Na ja, so gut war das jetzt auch nicht, sonst würde es ja nicht so viele Nachfragen geben.«

Nein, das ist nicht nett. Aber ungeheuer wirkungsvoll. Ich nutze die Schwäche der Kollegin Sonja G. aus, die mir durch ihren intensiven Arbeitseinsatz beweisen will, dass sie gut, pardon, perfekt arbeitet. Und das ist richtig klasse, finde ich: Sie gibt mir die Macht zu entscheiden, ob sie sich gut fühlen kann oder nicht. (Vergleiche das Kapitel »Die Regeln der männlichen Alphatiere«.)

Die spannende Frage ist: Wollen Sie mir oder jemand anderem diese Macht geben?

Das können Sie tun:

Falls Ihnen so eine miese Tour begegnet, hüten Sie sich, es persönlich zu nehmen. Machen Sie sich bewusst, dass das im Grunde eine ganz simple Strategie ist, die Ihre schwache Seite ausnutzen will. Lassen Sie das nicht zu, sondern zeigen Sie entwaffnende Offenheit. Räumen Sie entspannt und offenherzig die kleinen Defizite ein und versprechen Sie Nachbesserung. Sofort fällt der Angriff in sich zusammen und Sie behalten das Heft in der Hand. Das ist wahre Souveränität, die mit den eigenen Defiziten leben kann. Eine bessere Abwehr gegen miese Angriffe gibt es nicht.

Und es gibt noch ein anderes wichtiges Argument gegen den Perfektionismuswahn: Sehr bald haben Sie den Ruf des »Fliegenbeinzählers« weg und schaffen sich damit eine handfeste Bremse für Ihre Karriere. Ängstliche Bedenkenträger und Fliegenbeinzähler sind für höhere Aufgaben nicht zu gebrauchen. Es ist geradezu tragisch: Sie wollen sich unangreifbar machen und vereiteln damit jeden möglichen Aufstieg, den Sie sich doch so sehnlich wünschen.

Meine Empfehlung: Verschieben Sie Ihren Fokus von Perfektionismus hin zu Brillanz.

Wer perfekt sein will, versucht Fehler zu vermeiden. Wer brillant sein will, versucht seine Grenzen zu erweitern – und das geht nur über das Fehler-Machen. So werden Fehler völlig neu bewertet, sie dienen zum Beweis Ihrer Bereitschaft, sich weiterzuentwickeln. Wenn Sie sich an Ihren eigenen Fehlern erfreuen können, weil Sie wissen: »Jetzt lerne ich wieder dazu!«, dann sind Sie auf dem richtigen Weg.

Um ein tadelloses Mitglied
einer Schafherde sein zu können,
muss man vor allem eins sein:
ein Schaf.

Albert Einstein

ARCHÄOLOGIE ODER: SIND SIE BEREIT ZU LEUCHTEN?

WIE SIE IHRE INNEREN BLOCKADEN LÖSEN KÖNNEN

Im vorigen Kapitel haben wir uns die äußeren Faktoren angeschaut, die Frauen in einer männerdominierten Berufswelt zu beachten haben, die Spielregeln in einer von Männern bestimmten Arbeitswelt. Diese Regeln zu verinnerlichen und dann einen Regelverstoß mit Lust und im vollen Bewusstsein zu begehen, kann große Befriedigung auslösen. Sie spielen mit den Versatzstücken, die Ihnen vorher das Leben schwer gemacht hatten. Sie surfen auf der Welle und werden nicht von ihr verschlungen. Sie tanzen mit und bestimmen die Tonart. Bissig sein kann Spaß machen!

Wenn Sie jetzt in diesem äußeren Feld mehr Selbstsicherheit erworben haben, können Sie einen Schritt weiter gehen und sich die inneren Blockaden anschauen, die Sie möglicherweise in viel stärkerem Maße am Durchsetzen Ihrer beruflichen Ziele hindern. Darum soll es jetzt gehen: Um die inneren Hemmnisse, die Frauen von ihrem Anteil am Erfolg fernhalten, ganz ohne Zutun der Männer. Was bremst Sie aus? Wo manövrieren Sie sich selbst ins Abseits? Wo arbeiten Sie gegen Ihre eigenen Ziele? Welche unausgesprochenen Glaubenssätze halten Sie von Ihrem verdienten Erfolg ab? Wo sind Sie ein Schäfchen?

Werfen Sie mit mir einen Blick in die Widersprüchlichkeit der menschlichen Psyche und entdecken Sie, wo Sie ohne übermenschliche Kraftanstrengung, einfach weil Sie aufrichtig mit sich sind, Dinge zum Besseren wenden können. Manches wird Ihnen vielleicht sofort einleuchten, anderes erst mal vollkommen abwegig erscheinen. Meine Bitte: Spüren Sie in sich nach, was sich in Ihnen regt (Erstaunen, Widerstand, Unverständnis, Unmut, Ungeduld, Sehnsucht…), seien Sie ein Forscher in eigener Sache und probieren Sie es einfach aus. Es hat etwas von Ausgrabungsarbeiten, die hier stattfinden. Archäologie in Ihrer Psyche. Manches liegt verborgen unter einem dicken Mantel des Vergessens. Aber Sie werden erstaunt sein, wie schnell sich Dinge ans Tageslicht holen lassen, einfach weil Sie bereit dazu sind hinzuschauen.

Dabei möchte ich keineswegs, dass Sie mir einfach glauben. Im Gegenteil: Glauben Sie mir nicht, bleiben Sie kritisch. Aber probieren Sie es aus. Wenn es dann funktioniert, wissen Sie, dass es nicht deswegen funktioniert, weil Sie mir geglaubt haben, sondern es ist umgekehrt: Weil es funktioniert, können Sie dem Prinzip vertrauen. Und letztlich vertrauen Sie damit Ihrer eigenen Erfahrung.

Anerkennen, was ist

In jeder intensiven Rollenarbeit als Schauspieler gilt für mich das Prinzip der Zwiebel: Mit jedem Probenschritt kann ich eine Hautschicht abschälen, bis ich zum Schluss auf die Kernmotivation stoße. Dabei ist es von größter Wichtigkeit, die einzelnen Motivationen und Handlungsimpulse nicht moralisch zu bewerten. Sobald ich einen Charakter (ab)qualifiziere, nehme ich wie durch einen Lichtfilter nur noch ein eingeschränktes Spektrum der Person wahr. Und bin nicht mehr in der Lage, ihn zu spielen.

Diese beiden Grundhaltungen – Neugierde auf die Erforschung des »Warum macht der das?« und der moralfreie Blick darauf – helfen mir auch in meinem zweiten Beruf als Management-Trainer und Coach, den Dingen auf den Grund zu gehen. Ich beobachte einen äußerlich sichtbaren emotionalen Impuls meiner Seminarteilnehmerinnen und frage mich: Wo kommt das her? Gerade so, wie ich mich einer Bühnenfigur nähere. Ich habe gelernt, mich dabei vollkommen auf mein Bauchgefühl zu verlassen. Jede (künstlerische) Intuition beruht meiner Erfahrung nach auf einem ausgeprägten Bauchgefühl. Der Kopf darf die Puzzleteile ordnen, beim »Angeln« ist er eher hinderlich.

Vor jeder Veränderung steht die offene, unverstellte Analyse der Ausgangslage: »Was mache ich und wie wirkt es, nach innen und nach außen?« Und schon da beginnt die erste Schwierigkeit: Zu oft zensieren wir bereits im Ansatz unsere Fehler, machen uns, je nach persönlicher Disposition, dafür runter (»Ich bin so ein Idiot«) oder finden Entschuldigungen (»Die anderen sind schuld, ich kann gar nichts dafür«). Eine wirklich nüchterne Bestandsaufnahme kann so nicht stattfinden.

Dass es auch anders geht, hat mich eine berühmte buddhistische Nonne aus Vietnam, Ayya Khema, gelehrt, die mich vor Jahren stark beeindruckt hat. Sie hat eine goldene Regel zur Veränderung aufgestellt:

Erkennen – nicht tadeln – ändern.

Es ist so viel Kraft in diesen einfachen Worten, dass ich sie als Leitgedanken für dieses Buch benutzen möchte. Sie symbolisieren die drei Schritte, die notwendig sind, um eine Verbesserung der Situation zu erreichen.

Erkennen bedeutet, sich frei von Emotionen anzuschauen, *was ist*. Wie oft tun wir das nur eingeschränkt und mit einem großen blinden Fleck. Wie oft verteidigen wir längst überholte Positionen, die bei näherem Hinsehen unhaltbar sind, einfach weil da etwas in uns Angst vor Veränderung hat, einfach weil wir es aber so haben wollen (und sei es mit dem Kopf durch die Wand), einfach weil wir beleidigt sind oder eingeschnappt ...

Die Liste ist beliebig verlängerbar und die Folgen sind gravierend: Wir führen buchstäblich Krieg mit der Realität und wir werden es nicht sein, die diesen Krieg gewinnen.

Nicht tadeln heißt, diese Realität wertfrei, ohne moralische Urteile oder Selbstverurteilung anzuschauen. Das ist das Wichtigste! Denn wenn Sie einen Anteil in sich verurteilen, entzieht sich der Ihrem Zugriff, und dann können Sie diesen Anteil nicht mehr wahrnehmen, nicht mehr erkennen. Wirksam bleibt er aber trotzdem.

Wenn Sie den Mut haben, sich eine Realität anzuschauen, ohne innere Beschimpfung, ohne Gezerre, ohne Drama, ohne Ausflüchte, dann haben Sie die halbe Miete. Mindestens.

Ändern ist dann nur noch der letzte Schritt, die logische Konsequenz. So komisch das klingt: Ich glaube, etwas zu ändern ist viel leichter, als zu erkennen und nicht zu tadeln. Aber das gelingt nur, wenn wir Schritt eins und zwei wirklich vollzogen haben. Und wie oft wollen wir Schritt drei vor Schritt eins machen!

Beispiel:
Eine Seminarteilnehmerin, Anne M., beschwerte sich mehrmals und mit immer größerer Vehemenz über ihren unfähi-

gen Chef. Er erschien ihr entscheidungsschwach, inkompetent, feige und unfair. Viele andere Teilnehmerinnen nickten, diese Typen kannten sie: Solche Chefs scheint es komischerweise öfter zu geben.

Nun halte ich ein gewisses Maß an Beschweren für sehr sinnvoll. Es erleichtert das Gemüt und macht den Kopf frei für die anstehenden Aufgaben. Aber diese Beschwerden hatten vor allem wegen der vielen Wiederholungen und der Intensität, mit der sie vorgetragen wurden, eine andere Qualität: Sie besaßen eine so starke Kraft, dass sie mit Händen greifbar ausstrahlten: »Der soll sich ändern! Das ist ungerecht! Ich kann doch nichts dafür, dass der mich so behandelt!«

Meine Frage, was genau Anne M. dazu bewog, ihren miesen Chef, der ja noch nicht mal die Teilnehmergebühr bezahlt hatte, so prominent im Seminar auftauchen zu lassen, erntete Ratlosigkeit. Sie wollte mich als Verbündeten im Kampf gegen ihren Chef gewinnen, ich sollte ihr einfach recht geben. Basta.

Meine nächste Frage machte sie richtig böse: »Was glauben Sie: Ist Ihr Beharren auf diese Beschwerde Raketentreibstoff für Ihre persönliche Veränderung oder rührt es Zement an, um die Situation, so wie sie ist, einzubetonieren?« – »Was hat das denn damit zu tun? Mein Chef lässt mich einfach im Regen stehen. Meine Kollegen sehen das ganz genauso!«

Anne M. war ernsthaft empört. (Obwohl sie so ein braves Mädchen war.) Sie hatte doch wirklich Grund zur Beschwerde. Und ich wollte partout nicht mitspielen, sondern trotzdem meine Frage beantwortet haben: »Was haben Sie davon, wenn Sie das Opfer bleiben?«

Anne M. legte nach: »Ja, was soll ich denn tun? Ich bin doch weisungsgebunden, wenn ich mich offen gegen meinen Chef auflehne, riskiere ich doch meinen Job!« Das Totschlagargument: Nicht angewandt, um zu überzeugen, sondern um recht zu bekommen.

Hier kam mir die goldene Regel aller Coaches und Trainer in den Sinn: »Don't work harder than the client.« Wenn meine Teilnehmerin so sehr auf dem Status quo beharrt, dann kann ich ihre Wahl nur akzeptieren und anerkennen. Das tat ich. »Sie haben alles Recht der Welt, die Dinge so zu sehen, wie Sie das wollen. Ich kann das hundertprozentig respektieren. Die Frage ist nur, ob Sie das weiterbringt.«

An ihrem entgeisterten Gesichtsausdruck merkte ich: Das war ihr überhaupt nicht recht. Sofort machte ihr das Spiel keinen Spaß mehr. Der Widerstand war weg, an dem sie ihre »Abers« aufbauen konnte. Und höchst widerstrebend gab sie zu: Ja, ihr Chef war so. Punkt. Und sie würde ihn auch nicht ändern. Niemand konnte das – außer er selbst. Erst als dieser Drops gelutscht war, konnte sie sich (mit unserer Hilfe) Strategien überlegen, wie sie ihm angemessen, ohne wieder zum Opfer zu werden, begegnen konnte.

Diese Geschichte erinnerte mich daran, dass wir alle von Zeit zu Zeit eine Situation, ein Problem dazu benutzen, um selbst besser dazustehen, nicht tätig werden zu müssen und ins Opferland zu wandern. Aber das bringt uns nicht wirklich weiter. Opferland ist abgebrannt.

»Was kannst du uns zum Schluss für
eine Weisheit mitgeben?«, fragt der Schüler den Meister.
Der Meister überlegt einen Moment und sagt dann:
»Zwei Dinge musst du wissen, damit du jede Schwierigkeit
überwinden kannst.«
»Was sind sie?«, fragt der Schüler.
»Nummer eins: Was ist, das ist.
Nummer zwei: Was nicht ist, ist nicht.«

Konkurrierende Wünsche
Kannibalismus pur

Schon als Schauspielanfänger im Theater fand ich es faszinierend, den Motivationen einer Rolle nachzuspüren. Warum macht die Figur das, was sie tut? Was treibt sie an? Aufregend war für mich die Erkenntnis, dass zum Beispiel die Rollen in Tschechows Theaterstücken generell sich widersprechende Motive haben. Was sie möchten und was sie tun, steht in eklatantem Widerspruch. Schon damals war für mich klar: Das bedeutet persönliches Unglück. Zur Erkenntnis, dass Tschechow damit ein Grundprinzip menschlichen Lebens aufgespürt hatte, das sich mühelos auf heutige Verhaltensweisen übertragen lässt, war es nur noch ein kleiner Schritt.

Wir alle haben auch und gerade im Alltag sehr häufig Zielvorstellungen und Wünsche, die – ohne dass wir uns das klarmachen – einander völlig widersprechen. Die Wünsche behindern sich und legen sich gegenseitig lahm. Die Folge davon ist, dass letzten Endes beide Wünsche nicht oder nicht in dem Maße erfüllbar sind, wie es für unsere Zufriedenheit notwendig wäre.

Beispiel:
> Sie haben zwar den großen Wunsch in sich, sich endlich einmal gegen den Kollegen/Konkurrenten in einer Verhandlungsposition durchzusetzen. Gleichzeitig aber haben Sie große Scheu davor, jemanden zu verletzen. Ihr Unterbewusstes wird also, nachdem es gefährlich wird und Wunsch Nummer eins (sich durchzusetzen) in eine realistisch greifbare Nähe gerückt ist, jede nur mögliche Sabotage beginnen, damit Sie den Wunsch Nummer zwei (niemanden verletzen) nicht gefährden. Das Ergebnis wird Sie in den meisten Fällen unglücklich werden lassen.
>
> Plötzlich auftretende Müdigkeit, eine Mutlosigkeit, die Sie in der Vorbereitungsphase nicht für möglich gehalten haben, der berühmte Aussetzer, Luft im Kopf, Black-out – das alles sind mögliche Anzeichen dafür, dass Sie im Inneren nicht hundertprozentig hinter Ihrem Projekt stehen.

Seien Sie aufrichtig zu sich: Mitarbeitern oder Kollegen Grenzen setzen zu wollen *und* von allen gemocht werden, das geht nicht!

Sich widersprechende Ziele können zum Beispiel sein (besonders, wenn das Schäfchen wieder sein Haupt erhebt und darauf besteht, doch bitte niemandem wehzutun):

Ich will …
– Grenzen setzen, aber von allen gemocht werden.
– mich durchsetzen, aber niemanden verletzen.

– mein Ziel erreichen, aber niemanden überrunden.
– selbstsicher auftreten, aber niemanden ängstigen.
– kritisch sein, aber niemanden runtermachen.

Übrigens: Sie können alle Ziele auf der linken und der rechten Seite auch bunt durcheinanderwürfeln: Es stimmt immer. Nur selten leisten wir uns den Luxus, unsere Ziele so direkt nebeneinanderzustellen. Sofort wird das Absurde an der Situation klar. Es ist, als ob die Wünsche sich gegenseitig kannibalisieren, also im wahrsten Sinne des Wortes auffressen!

Beispiel:

Auf der Schauspielschule bekam ich im zweiten Ausbildungsjahr von meiner Schauspiellehrerin die Anweisung, die Rolle eines Vergewaltigers zu spielen. Eine immense Herausforderung: Damals noch ungeübt in den bösen Rollen, hatte ich mit der rein szenischen Anforderung, meiner Kollegin auf der Bühne glaubhaft Angst machen zu müssen und sie zu attackieren, ihr an die Wäsche zu gehen, gehörige Probleme. Auch wenn die Vergewaltigung selbstverständlich nicht real stattfand, wir natürlich nur so getan haben, war doch schon rein physisch ein starker Körpereinsatz nötig, um die Szene glaubhaft darzustellen. Es wollte einfach nicht gelingen! Wochenlang kämpfte ich mit der Aufgabe ohne sichtbare Erfolge. »Du versteckst deine Kraft!«, bekam ich von meiner Lehrerin zu hören. »Du machst dich klein!« Und ich sollte nachforschen, wo sonst noch in meinem Leben dieses »Mich-selber-klein-Machen« vorkam.

Da musste ich nicht lange suchen, das begegnete mir tagtäglich auf der Straße, zum Beispiel wenn ich nach langen

Theaterproben abends spät mit einer der letzten Straßen-
bahnen nach Hause fuhr. Oft stieg eine einzelne Frau aus
der Bahn und ging vor mir in die gleiche, spärlich beleuch-
tete Richtung auf der Straße. Jede Frau wird diese unangenehme Situation kennen. Und ich spürte auch auf zehn Me-
ter Entfernung, ob diese Frau Angst hatte. Angst vor mir!
Einfach weil ich auch den gleichen Weg ging. Ich habe es
gehasst, den Frauen Angst zu machen, das wollte ich um
jeden Preis verhindern: Ich bummelte absichtlich, ging Um-
wege oder überholte die Frauen. Das Ergebnis machte mich
unzufrieden und hat mich nicht überzeugt.

Als ich meiner Schauspiellehrerin davon erzählte, gab sie
mir zur Aufgabe, in den nächsten vier Wochen in diesen Situationen unbeirrt meinen Weg zu gehen, ohne mich vermeintlich passend zu machen. »Bleib du in deiner Kraft,
auch wenn sie Angst bekommt. Es ist ihre Entscheidung,
Angst zu haben, du lieferst nur den Anlass! Du hilfst ihr
nicht, indem du dich klein machst!« (Es war gut, dass meine
Lehrerin eine Frau war; ich glaube, von einem Mann hätte
ich diesen Rat nicht annehmen können.) Und es kostete
mich am Anfang große Überwindung, so abgegrenzt und
eigenverantwortlich zu handeln und dabei bewusst in Kauf
zu nehmen, dass Frauen Angst haben. Ich gestehe, ich hatte
in den ersten Tagen heftiges Herzklopfen.

Diese Vorsprechrolle wurde übrigens später ein voller Erfolg. Und was mich am meisten überraschte: Mit dieser
Rolle habe ich auf der Schauspielschule bei der Abschluss-
vorführung am meisten Lob bekommen – auch und gerade
von Frauen.

Diese Geschichte hat mich zweierlei gelehrt:

Zum einen habe ich mit diesem Verhalten die Frauen kleiner gemacht, als sie in Wirklichkeit sind. Ohne zu fragen, ob mein »Opfer« überhaupt willkommen war.

Und zweitens kann ich niemanden »retten«. Wenn ich versuche, durch mein Verhalten die Emotionen zu kontrollieren, die bei einem anderen Menschen ausgelöst werden, gehe ich automatisch aus meiner Kraft – nicht nur auf der Bühne. Handeln aus Mitleid verneint meine eigene Kraft. Wenn ich mit anderen mitleide (im Gegensatz zu mitfühlen), mache ich mich selbst schwach.

Die klarste Anweisung in dieser Hinsicht habe ich übrigens im Flugzeug gehört, wenn die Stewardess die Passagiere mit den Sicherheitsvorkehrungen vertraut macht: »Im unwahrscheinlichen Fall eines Druckverlusts fallen Sauerstoffmasken aus der Kabinendecke. Ziehen Sie eine davon zu sich heran und drücken Sie sie fest auf Mund und Nase. Erst *danach* helfen Sie anderen Mitreisenden.«

Das können Sie tun:

Nehmen Sie sich einmal fünf Minuten Zeit und überlegen Sie, wo Sie sich klein machen – vermeintlich, um andere zu schützen. Im Beruf, in der Familie, im Freundeskreis, beim Sport, auf der Straße …

Wie oft ist unsere Haltung unausgesprochen: »Wenn ich wirklich zu meiner Kraft/meinem Bedürfnis/meinem Gefühl stehe – das verkraftet der andere nicht.« Nur: Woher wissen wir das? Unser Gegenüber wäre wahrscheinlich empört, wenn es mitbekäme, dass wir ihm/ihr von vornherein alle Kraft absprechen und ihn oder sie so erst recht klein machen.

Die Konsequenz kann nur lauten, sich seiner unausgesprochenen Motive und Haltungen gewahr zu werden und sie einzeln ehrlich zu überprüfen, ob sie überhaupt zu den bewusst vorgenommenen Zielvorstellungen passen. Und dann heißt es Abschied nehmen von lieb gewordenen Vorstellungen. Je aufrichtiger Sie in diesem Punkt mit sich sind, desto authentischer und kraftvoller wird danach Ihr Einsatz sein.

Nelson Mandela hat es in seiner Antrittsrede als südafrikanischer Staatspräsident auf den Punkt gebracht, als er eine Passage aus Marianne Williamsons wunderbarem Buch *Rückkehr zur Liebe* zitierte:

Jeder Mensch ist dazu bestimmt, zu leuchten!
Unsere tiefgreifendste Angst ist nicht,
dass wir ungenügend sind,
unsere tiefgreifendste Angst ist,
über das Messbare hinaus kraftvoll zu sein.
Es ist unser Licht, nicht unsere Dunkelheit,
die uns am meisten Angst macht.
Wir fragen uns: Wer bin ich schon, mich brillant,
großartig, talentiert, fantastisch zu nennen?
Aber wer bist du, dich nicht so zu nennen?
Du bist ein Kind Gottes.
Dich selbst klein zu halten dient nicht der Welt.
Es ist nichts Erleuchtetes daran, sich so klein zu machen,
dass andere um dich herum sich nicht unsicher fühlen.
Wir sind alle bestimmt, zu leuchten, wie es die Kinder tun.

Wir sind geboren worden, um den Glanz Gottes,
der in uns ist, zu manifestieren.
Er ist nicht nur in einigen von uns,
er ist in jedem Einzelnen.
Und wenn wir unser Licht erscheinen lassen, geben wir
anderen Menschen die Erlaubnis, dasselbe zu tun.
Wenn wir von unserer eigenen Angst befreit sind,
befreit unsere Gegenwart automatisch andere.

Nelson Mandela war 23 Jahre im Gefängnis, bevor er zum Staatspräsidenten von Südafrika gewählt wurde. Das ist allein schon eine bemerkenswerte Karriere. Aber dass er dann noch so versöhnende und berührende Worte fand, zeigt, dass sein Herz nicht von Hass zerfressen war, sondern er auch nach so langer Isolation nichts von seiner Kraft eingebüßt hatte und sich schlichtweg weigerte, sich wie ein Opfer zu fühlen. Dass nötigt mir den größten Respekt ab und ist jedes Mal, wenn ich es lese, eine Inspiration.

Meine Frage an Sie lautet also ganz im Sinne von Nelson Mandela und Marianne Williamson: Sind Sie bereit zu leuchten?

Reiten Sie den Elefanten oder werden Sie geritten?
Oder wissen Sie das gar nicht?

Ich stelle ganz oft fest, dass ich meistens zwar in der Theorie erkannt habe, was gut und richtig für mich wäre, es mir aber in der Praxis so unendlich schwerfällt, die einmal gewonnene Erkenntnis auch umzusetzen. Warum ist das so?

Ich habe eine mich anfangs sehr verblüffende Antwort darauf gefunden: Weil unsere inneren Entscheidungen zu einem überwältigenden Anteil völlig unbewusst gefällt werden. Der Verstand hat da nur einen Beobachterstatus, mehr nicht. In diesem einen Punkt sind sich so gut wie alle Psychologen, Biologen, Hirnforscher und Mediziner einig, wenn es um das Verhältnis von unbewussten und bewussten Entscheidungen des Menschen geht:

Es sind erstaunliche 96 Prozent unbewusst und nur 4 Prozent bewusst!

Die überwältigende Mehrzahl aller Entscheidungen wird ohne nennenswerte Beteiligung des Kopfes getroffen. Der Verstand mit seinen rationalen Argumenten erscheint da nur wie die PR-Abteilung eines großen Konzerns, die umstrittene Bauchentscheidungen des Managements im Nachhinein legitimieren soll.

Schauen Sie sich zum Beispiel die Werbung an: In dieser Branche wird schon lange nach dem Prinzip der emotionalen Trigger (Auslöser) gearbeitet. Der potenzielle Kunde bekommt keinen Wettstreit der sachlichen Argumente geliefert, sondern ein Gefühl angeboten, das ihn zu der Kaufentscheidung (ver)führen soll. Anders sind massenhafte Entscheidungen zugunsten einer Ware, die überteuert ist, aber sexy und cool wirkt, nicht zu verstehen.

Weil die wirtschaftlichen Interessen in diesem Bereich so stark sind, ist unser Verhalten als Konsumenten sehr gut erforscht worden, und es zeichnet nicht gerade das Bild des vernunftgesteuerten, reflektierten Kunden. Oder fallen Ihnen in den bunten Prospekten der Autohersteller vor allem die nüchternen Tabellen aller technischen Details als Argumentationshilfen auf? Höchstens im Kleingedruckten, das inzwischen so klein ist, dass es wirklich mühsam zu lesen ist. Dafür gibt es einen einfachen Grund: Wir *sollen* diese Details gar nicht lesen! Werbung zielt direkt auf unser Bauchgefühl, da entfaltet sie die nachhaltigste Wirkung. Kaufentscheidungen werden impulsiv, intuitiv und emotional getroffen. Um diese Tatsache zu verschleiern, schiebt die Marketingabteilung für den Moment *nach* einer Kaufentscheidung noch ein »pseudorationales« Argument hinterher, damit sich der Verstand in dem Glauben wiegen kann, er hätte den Ausschlag gegeben. In Fachkreisen heißt das »the reason why«.

Beobachten Sie sich doch mal beim nächsten Einkauf im Supermarkt, wenn Sie vor der Tiefkühltruhe stehen: Wie laufen Ihre Entscheidungen im Einzelnen ab? Und was hat letzten Endes den Ausschlag gegeben, dass Sie zum Beispiel die eine Tiefkühlpizza in Ihren Einkaufswagen legen und die andere nicht? Wenn Sie Ihre Entscheidung ganz aufrichtig analysieren, werden Sie in den allermeisten Fällen über so viel Willkür schmunzeln. Da sah die Pizza auf dem einen Foto leckerer aus, da haben Sie einen Markennamen gelesen, der ein gutes Gefühl in Ihnen auslöste, da war die Schrift auf der nächsten Packung nicht so angenehm zu lesen … Sie glauben gar nicht, wie viele Weinflaschen nur nach dem Design ihres Etiketts beurteilt (und gekauft) werden. Sieht das Etikett billig aus, scheint es der Wein in der Flasche auch zu sein. Ohne es zu überprüfen, schließen wir vom einen aufs andere. Und machen uns das meist gar nicht bewusst.

Warum ist das in unserem Zusammenhang so wichtig? Diese unbewussten Entscheidungen prägen auch unseren Alltag, im Beruf wie im Privaten. In einer Vielzahl von Situationen dominieren unwillkürliche Entscheidungen, die im Nachhinein begründet, das heißt legitimiert werden sollen. Sie können sicher sein: Diese *Begründungen* (die Ihre PR-Abteilung liefert) haben mit den wahren *Gründen* Ihrer Entscheidung meist nichts zu tun.

Also halte ich es für wesentlich, sich seiner unbewussten Motive bewusst zu werden, um dann überhaupt erst nachhaltige Entscheidungen treffen zu können.

Glück ist nicht die Fähigkeit,
alles tun zu können, was ich will,
sondern vielmehr alles zu wollen,
was ich tue.
Altes chinesisches Sprichwort

Beispiel:

Kerstin L., 35 Jahre alt, leitet den Schreibpool in einem großen Münchner Hotel mit zurzeit vier Mitarbeiterinnen. Die
Personalchefin hat ihr eine Stelle im Bankettservice angeboten, der alle Tagungen und Seminare in den drei Münchner
Häusern dieser Kette koordiniert. Eine reizvolle Aufgabe,
auf so eine Chance hat sie lange gewartet. Kerstin versteht
nur nicht, warum sie sich nicht darüber freuen kann. Sie
spürt: Irgendetwas stimmt nicht für sie, aber sie kommt
nicht darauf, was es sein könnte. Sie erzählt ihrer besten
Freundin von dem anstehenden Karrieresprung, die sich
sehr für sie freut. »Das ist doch eine tolle Chance. Freust du
dich denn gar nicht?« Das verstärkt bei ihr noch das Gefühl:
»Ich sollte auch froh sein, so eine Gelegenheit bekomme ich
nicht noch mal, ich möchte doch auch nicht undankbar
sein.«

Nach langer Verwirrung und schwer auszuhaltenden am-
bivalenten Gefühlen entschließt sie sich, auf ihr ungutes
Bauchgefühl zu hören und die angebotene Chance nicht
wahrzunehmen, auch wenn sie keinen nachvollziehbaren
Grund dafür finden kann. Sie behält diese Entscheidung erst
einmal für sich, eine geschlagene Woche lang. Neben Trauer
über diese verpasste Gelegenheit spürt sie ein unerklärli-
ches Gefühl von Erleichterung und »Noch-einmal-davonge-
kommen-Sein«. Auch der Kontakt zu ihrem Mann, der sehr
unter ihrer Zerrissenheit gelitten hat, wird wieder entspannter und leichter.

Nach Ablauf der selbst gesetzten Frist von sieben Tagen,
in der Nacht bevor sie der Personalchefin ihre Entscheidung
mitteilen will, hat sie einen Traum, der sie beim Aufwachen
stark verblüfft: Sie macht eine Bergwanderung mit ihrem

Mann und sprintet kurz vor dem Gipfelkreuz los, um als Erste am Ziel zu sein. Ihr Mann, der ein paar Minuten später ankommt, macht ihr heftige Vorwürfe, warum sie nicht auf ihn gewartet hat. Und er spricht mit ihr – und das verwirrt sie am meisten – mit den Worten ihres Vaters!

Nach dem Aufwachen werden ihr zwei Dinge klar: Sie hat große Angst, dass ihr Mann nicht gut damit klarkäme, wenn sie ihn, was das Gehalt angeht, überflügelte. Und: Die Unterstützung ihres Vaters hatte sie in der Ausbildungszeit so lange eingeschränkt, wie sie sich in seinem Rahmen bewegte. Er begann jedoch sehr abweisend zu werden, als sie sich anschickte, ihn zu überflügeln. Dieser Gefahr wollte sie sich in ihrer Ehe nicht wieder aussetzen. Plötzlich machte ihr ungutes Bauchgefühl Sinn. Nach einigen ausführlichen und offenen Gesprächen mit ihrem Mann hatte sie auch innerlich die Erlaubnis, den nächsten Schritt zu gehen und die neue berufliche Herausforderung anzunehmen.

Das können Sie tun:

Nehmen Sie ein unklares Unwohlsein vor einer Entscheidung ernst, auch wenn Sie keine logischen Argumente für oder gegen eine Entscheidung vorweisen können. Es reicht, wenn Sie spüren, dass Sie innere Widerstände haben. Versuchen Sie, diese Widerstände so wertfrei wie möglich anzuschauen, sonst gefährden Sie den Zugang zu Ihrer Intuition. Erinnern Sie sich an die Regel der Buddhisten: »Erkennen – nicht tadeln – ändern.«

Fällen Sie eine Entscheidung für einen überschaubaren Zeitraum »auf Probe« und für sich allein, ohne anderen davon zu erzählen, aber mit der inneren Ansage: Das ist jetzt definitiv! Wenn Sie sich anschließend traurig fühlen, dann können Sie davon ausgehen, dass wesentliche Anteile Ihrer Persönlichkeit nicht mit Ihrer Entscheidung einverstanden sind – und dann werden Sie darin auch nicht erfolgreich sein.

Dieses »Entscheiden auf Probe« ist eine sehr gute Möglichkeit, um zusätzliche Informationen zu bekommen. Denken Sie daran: Die 96 Prozent wollen gesehen werden. Nur so können Sie den Elefanten reiten und werden nicht geritten.

Auch bei scheinbar klaren Situationen sollten Sie es sich zur Angewohnheit machen, Ihre inneren Motive zu klären. Speziell, wenn Ihnen eine vermeintlich einfache Aufgabe wider Erwarten schwerfällt, sollten Sie misstrauisch werden. Dann sind meist Anteile in Ihnen am Bremsen, die vor lauter Betriebsamkeit kein Gehör finden.

Meine Empfehlung: Laden Sie Ihre Bedenken, Sorgen und Ängste zu sich ein – bieten Sie ihnen innerlich einen Stuhl an, sorgen Sie dafür, dass sie sich bei Ihnen wohlfühlen (»erkennen, nicht tadeln«) und hören Sie genau zu, was sie zu sagen haben. Je wertfreier Sie zuhören, desto mehr Informationen werden Sie bekommen. Machen Sie eine (zeitlich begrenzte!) Session daraus. Wenn es sein muss, mehrmals.

In unserer westlichen Welt sind wir alle oft zu lösungsorientiert und verschenken dadurch eine Menge Möglichkeiten. Weil wir das Gesamtbild nicht wirklich überblicken können und dennoch meinen, wir müssten schon klar sehen und wissen. Wenn wir die Kraft aufbringen, eine Frage offenzuhalten, anstatt sie sofort reflexartig zu beantworten, wenn wir die Kraft aufbringen, noch nicht zu wissen, werden wir im weiteren Verlauf eine Fülle von neuen Informationen bekommen.

Ein kleines Experiment:

Beweisen Sie Mut zur Lücke. Stellen Sie sich zu verschiedenen Tageszeiten in verschiedenen Stimmungen die gleiche Frage immer wieder neu. Und vermeiden Sie vorschnelle Antworten. Was taucht auf, was meldet sich? Wenn 96 Prozent unserer Entscheidungen unbewusst ablaufen, wird es höchste Zeit, sich in diesen Strom einzuklinken, anstatt dagegen anzugehen. Und noch etwas ist sehr wichtig, auch wenn es vielleicht komisch klingt:

Denken Sie nicht nach. Wenn Sie die Lösung über das Nachdenken herausbekommen könnten, dann hätten Sie sie schon gefunden!

Mich erinnert das verzweifelte »Kramen im Hirnkasten« an die Suche nach einem verloren gegangenen Haustürschlüssel, den ich unermüdlich immer wieder im Wohnzimmer suche, einfach weil ich es gewohnt bin, da zu suchen. Dabei liegt er im Keller (eben bei den 96 Prozent). Klar, dass ich ihn dann nicht im Wohnzimmer finden kann, egal, wie lange ich suche.

Wer die Kraft aufbringt, sich einer emotional schwierigen Frage eine ganze Woche lang drei- bis viermal am Tag aufrichtig, das heißt ergebnisoffen zu stellen und auf seinen Bauch zu hören, wird reich beschenkt.

Gute Fragen, die Sie verstärkt ins Spüren bringen können, sind zum Beispiel:

– Wovor genau habe ich Angst, was genau bereitet mir Unbehagen?
– Wenn meine Angst reden könnte, was würde sie sagen?
– Kenne ich das Gefühl, das ich jetzt habe?
– An welche Situation erinnert es mich?
– Wie alt war ich, als ich dieses Gefühl schon mal hatte?

(Achtung, auch hier wieder nicht nachdenken. Achten Sie darauf, welche Zahl auftaucht, einfach so.)
– Wenn ich meine Augen schließe, kann ich das Gefühl sehen?
– Welche Gestalt hat es?
– Welche vorherrschende Farbe sehe ich?
– Kann ich das Gefühl malen?
– In welchem Körperteil kann ich es am deutlichsten spüren?

In einem können Sie ganz sicher sein: Wenn es leicht geht, ist es richtig. Dann sind Sie in Ihrem Flow, können aus dem Vollen schöpfen und wundern sich über die Kraft, die plötzlich in Ihnen steckt.

Umgekehrt gilt auch: Wenn etwas plötzlich ganz schwer wird, ist zu akzeptieren, dass nicht alle aus Ihrer »inneren Mannschaft« an einem Strang ziehen. Deshalb: Hören Sie sich zu! Und wenn Sie es identifiziert haben, nehmen Sie es an. Ohne Einschränkung. »Ich sehe dich, du darfst sein.« Je mehr diese Anteile Gehör bekommen, desto kleiner wird ihr Widerstand. Und schon manches große Angstthema hat sich, nachdem es – manchmal nach Jahren zum ersten Mal – gehört wurde, auf ein erträgliches Maß reduziert. Und dann sind Sie in der Lage, Ihr eigenes Schiff zu steuern, und haben wieder alle Entscheidungsmöglichkeiten, um Ihren Kurs selbst zu bestimmen.

Der innere Kritiker
Herr, ich bin nicht würdig,
dass Du eingehst unter mein Dach

Dieses Bibelzitat tauchte überraschenderweise in einem »Böse Mädchen«-Seminar in Österreich auf, als es um die Frage ging, warum viele Frauen (und Männer) sich selbst so streng beurteilen, viel strenger als ihre Umgebung zum Beispiel.

»Ich möchte, dass es den anderen gut geht. Im Grunde ist es mir sogar wichtiger, dass es den anderen gut geht, als dass es mir gut geht. Wir sagen es ja auch jeden Sonntag in der Kirche: ›Herr, ich bin nicht würdig, dass Du eingehst unter mein Dach.‹« Ich war verblüfft, hatte ich doch vorher noch nie von diesem Zitat gehört. Aber viele Anwesende nickten zu diesem Statement einer Teilnehmerin. Sie hatte offensichtlich ein Grundmuster getroffen. Und eine andere ergänzte: »Ich übernehme für alle um mich herum die Verantwortung – nur für mich selbst nicht.«

Da stand er in seiner ganzen Pracht deutlich vor meinem geistigen Auge: der innere Kritiker, der uns erbarmungslos alle Fehler vorhält, uns verurteilt und fertigmacht, wenn wir nicht perfekt sind. Und wer ist schon perfekt?

Bei anderen führen wir bei Fehlverhalten alle möglichen mildernden Umstände ins Feld, drücken gerne mal ein Auge zu. Nur bei uns selbst kennen wir keine Gnade, keine Entschuldigung, kein »fünf gerade sein lassen«.

Das folgende Bild macht es ganz deutlich: Die Übermacht drückt mir den Hals ab, mir bleibt die Luft weg, ich bin ohnmächtig und kann nichts tun. Ich stecke fest, bin in der Falle. Und ich muss etwas sehr Schlechtes getan haben, wenn ich so bestraft werde.

»Herr, ich bin nicht würdig, dass Du eingehst unter mein Dach.« Dieser Satz ging mir nach. Da ich weder christlich erzogen wurde noch christlich gebildet bin, musste ich mich erst mal schlaumachen: Der Satz stammt aus dem Matthäus-Evangelium (8, 5–13) und nimmt offensichtlich eine zentrale Rolle in der katholischen Abendmahlsliturgie ein. Wie ich mir habe sagen lassen, spricht die Gemeinde diesen Satz jedes Mal (!) vor dem Empfang der Kommunion.

Ich möchte gar keine Bibelschelte betreiben. Die Bibel ist so facettenreich, da lässt sich jede Situation mit einem passenden Zitat belegen. Aber dass so ein Satz an solch prominenter Stelle ständig wiederholt wird, zeigt mir, dass er, losgelöst vom ursprünglichen Zusammenhang, ein Grundgefühl vieler Kirchenmänner ausdrückt. Was passiert mit Menschen, die immer und immer wieder zu hören bekommen: »Ich bin nicht würdig. Alle Welt ist es möglicherweise, aber ich bin es definitiv nicht«?

Was haben wir verbrochen? Was ist unsere Schuld? Es gibt kein ordentliches Gerichtsverfahren, keinen Verteidiger, Richter und Ankläger sind eins, und die Schuld steht schon vor der Urteilsverkündung fest: Nicht würdig! Schuldig! Es riecht nach Willkür, ein Berufungsverfahren ist selbstverständlich ausgeschlossen. Wo steht eigentlich geschrieben, dass wir für uns selbst der schlechteste Anwalt sein sollen?

In dem oben beschriebenen Seminar waren weitere Auswirkungen des übermächtigen inneren Kritikers zu beobachten: »Ich möchte von allen gemocht werden, offene oder auch nur angedeutete Kritik vertrage ich ganz, ganz schlecht. Und ich möchte einmal, nur ein einziges Mal souverän sein, mir nicht alles so zu Herzen nehmen.«

Ein hoffnungsloses Unterfangen, wenn der innere Kritiker so stark ist.

Beispiel:

In diesem Seminar bat ich die Teilnehmerinnen, ihre Selbstvorwürfe aufzuschreiben; alle Fehler, die sie begangen hatten, alle falschen Entscheidungen, die sie getroffen hatten, alles, was sie an sich unmöglich, blöd, doof oder hässlich fanden. Sie sollten eine komplette (!) Anklageschrift verfassen. Manche Listen wollten kein Ende nehmen.

Und dann haben wir der Anklage eine Form gegeben: Ich übernahm die Rolle des inneren Kritikers, und eine Teilnehmerin stellte mir ihre Anklageschrift zur Verfügung. Wir saßen uns gegenüber, und ich las alle Anklagepunkte vor, deren sie sich schuldig fühlte. Die Spielszene wurde sehr intensiv, man hätte eine Stecknadel fallen hören können, so aufmerksam waren die Seminarteilnehmerinnen dabei.

Erst fühlte ich mich stark in meiner Rolle als Ankläger und Richter, sehr stark sogar. Und dann geschah etwas Merkwürdiges: Als ich die Liste beinahe vollständig vorgelesen hatte, wurde mir klar, dass meine Spielpartnerin mir ihre Macht gab. Ihre Energie strömte mir zu und machte mich stark. Wie einseitig das Gespräch verlief! Es war im Grunde eher ein Monolog als ein wirklicher Austausch, die Position meines Gegenübers war überhaupt nicht spürbar, löste sich fast auf.

»*Du* machst mich so stark!« Jetzt sprach ich es aus. »Du machst mich zu deinem Kritiker. Es ist deine Energie, die mich in dieser Rolle hält.« Meine Spielpartnerin kämpfte mit sich und schüttelte der Kopf: »Ich will das gar nicht, dir diese Kraft geben. Aber ich weiß nicht, was ich dagegen tun soll.«

Stumm saßen wir so voreinander, spürten die Festgefahrenheit der Situation. Und dann sah ich es klar: »Gib mir eine andere Rolle! Es ist dein Leben, und du bist der König in deinem Reich, ich bin dein Justizminister. Gib mir eine andere Funktion! Ich will dir nützlich sein und dir dienen. Deshalb: Wehr dich nicht gegen mich, das macht mich nur stärker, sondern gib mir ein anderes Ministerium.«

Meine Spielpartnerin war verblüfft: »Ja, wenn das geht.« Und noch etwas ungewohnt in der Rolle des Königs fragte sie: »Welches Ministerium willst du denn?«

Einige in der Gruppe mussten lachen, die Spannung löste sich etwas. »Das musst du wissen, du bist doch hier der König. Aber wenn ich einen Vorschlag machen darf, dann gib mir das Innenministerium, ich habe viel Erfahrung und kann dir nützliche Ratschläge geben.« Erleichtert stimmte meine Spielpartnerin zu und ernannte mich zum Innenminister. Auf meine Bitte hin erklärte sie mir meinen neuen Aufgabenbereich etwas präziser: »Du sollst mir ab jetzt immer einen Rat geben, wenn ich unschlüssig bin oder nicht mehr weiterweiß. Aber damit das ganz klar ist: Ich bin hier der König, du hast mir zu dienen. Und ob ich deinen Rat annehme, entscheide ich ganz allein!«

Unter großem Applaus beendeten wir die Übung. Und in einer Rückmeldung ein paar Wochen später berichtete sie von neuem Schwung und Elan in Krisensituationen und einer bisher unbekannten Leichtigkeit im Umgang mit Fehlern. Der innere Kritiker war deutlich besänftigt und hatte ja jetzt auch eine Menge anderer Dinge zu tun.

Manchmal ist es verblüffend, wie wenig Einsatz und Aufwand es braucht, die Dinge zum Guten zu wenden. Das Wichtigste bei so einem Rollenspiel ist, dass die handelnden Personen in ihren Rollen aufrichtig sind und authentisch das aussprechen, was ist. »Gut gemeinte« Sätze, die nicht wirklich stimmen oder sogar Widerspruch hervorrufen, bewirken nichts.

Das können Sie tun:

Nehmen Sie Kontakt zu Ihrem inneren Kritiker auf. Hören Sie zu, was er zu sagen hat. Nehmen Sie seine Aussagen ernst, aber behalten Sie sich die letzte Entscheidung vor. Nicht vergessen: Sie sind der König in Ihrem Reich. Und nutzen Sie die Kraft und die Beharrlichkeit Ihres Kritikers für andere

Aufgaben. Weil Ihnen naturgemäß der Abstand zu Ihren inneren Anteilen fehlt und Sie möglicherweise selbst zu verstrickt sind bei diesem Thema, kann es ratsam sein, sich einen Coach zu suchen, mit dem Sie in einem Rollenspiel oder einem Ritual eine Neuausrichtung Ihrer inneren Anteile vornehmen. In wenigen Arbeitsstunden können Sie da viel für sich erreichen.

Innere Sabotage
Geheime Verbote lähmen uns

Vieles, was in diesem oder in anderen Ratgebern an Beispielen und Lösungsvorschlägen vorgestellt wird, wird Ihnen nicht fremd sein. Wir wissen meist um unsere Schwachstellen und kennen mögliche Problemlösungen, ohne immer die Kraft und die Zuversicht zu finden, diese auch umzusetzen. »Ich weiß auch nicht, warum ich es nicht hinbekomme« ist eine häufige Reaktion, die ich in meinen Seminaren zu hören kriege.

Und das stimmt meiner Einschätzung nach wirklich: Es ist den meisten Menschen völlig schleierhaft, warum es ihnen nicht gelingt, sich zu verändern. Die Einsicht ist da, die mögliche Strategie ist es auch, selbst die Formulierungen sind griffbereit, aber *umsetzen*? Nein! Etwas sträubt sich in ihnen, will nicht kooperieren, produziert lieber Ohnmacht und Luft im Kopf, als dass es eine zielgerichtete Handlung zulässt. Der innere Widerstand ist so groß, dass er alle konstruktiven Veränderungen unmöglich macht, Sabotage ist am Werk. Die spannende Frage lautet nun: Wie erfahre ich, was genau mich bremst, mich hindert zu leuchten und für mich einzustehen?

Es ist schmerzhaft, sich diese inneren Widerstände anzuschauen. Scham (»Was sollen denn die anderen von mir denken?«), Unverständnis (»Warum ist das überhaupt bei mir so?«) und geheime Befürchtungen (»Bin ich etwa nicht normal?«) lassen uns die Widerstände zensieren und verurteilen; mit der Folge, dass es überhaupt keinen Kontakt mehr dazu gibt und der ganze Komplex ins Unbewusste abwandert, wo er vielleicht nicht mehr ganz so schmerzhaft, dafür aber nicht weniger wirksam ist. Die Widerstände werden unsichtbar, die Abspaltung ist komplett. Die Sabotageabteilung kann unbehelligt und ungestört ihre Arbeit tun.

Sie können sich das ganz plastisch vorstellen: Eine kleine Gruppe Ihrer »inneren Persönlichkeitsanteile« spielt einfach nicht mit, sitzt schmollend in der Ecke, verweigert Ihnen jegliche Unterstützung im Alltagsgeschäft und ist sehr erfinderisch darin, Ihnen alle möglichen Knüppel zwischen die Beine zu werfen. Saboteure eben.

Wie kommt es zu diesem Sabotageprogramm? Im Ursprung sind es meiner Erfahrung nach tiefe Verbote und Verurteilungen. Der Erfinder des Psychodramas, Jakob L. Moreno, nennt sie sehr anschaulich *unerledigte Geschäfte*, die zwar völlig unbewusst, aber sehr, sehr wirksam sind. Und die im schlimmsten Fall zu einem vorübergehenden Zusammenbruch des Systems führen können.

Es können nicht-integrierte Bestandteile sein, die auf alten, längst vergessenen schmerzhaften Erfahrungen beruhen, auf Verletzungen, die wir mal erlitten oder anderen zugefügt haben, oder auf Fehlentscheidungen, die wir uns auch nach Jahren noch nicht verzeihen können.

Beispiel:

Eine Seminarteilnehmerin, erfolgreiche Managerin in der Chemiebranche, Sonja L., selbstbewusst, zielorientiert und mit hohem kommunikativem Talent, die unserer Gruppe wertvolle Hinweise gab und bei der ich mich mehr als einmal heimlich fragte, was um alles in der Welt sie zur Teilnahme an diesem Seminar bewogen hatte, erzählte zur großen Verblüffung aller, das sie völlig machtlos ihrer eigenen Sekretärin gegenüber sei. Der Mann dieser Mitarbeiterin, mit der sie schon lange Jahre vertrauensvoll zusammenarbeitete, war vor einem dreiviertel Jahr gestorben, und es war offensichtlich, dass sie sich scheute, nach Hause zu gehen, weil dort nur der private Kummer auf sie warten würde. Also dehnte sie ihre Arbeitstage über Gebühr aus. Als unsere Seminarteilnehmerin ihr Vorhaltungen wegen der vielen Überstunden machte, reduzierte sie diese mit einem Trick: Sie stempelte um 16 Uhr aus und blieb dann trotzdem noch bis 20 oder 21 Uhr.

Natürlich konnte unsere Managerin sich in die Seelenlage ihrer Mitarbeiterin hineinversetzen, aber das Ganze begann sich zu einem richtigen Problem für sie auszuwachsen. Etwas hilflos fügte sie hinzu: »Ich habe keine ruhige Minute im Büro, brauche aber ungestörte Zeit für strategische Überlegungen. Ich weiß nicht, was ich machen soll.«

Die ganze Gruppe wurde aktiv. Alle bestürmten sie mit gut gemeinten Vorschlägen: »Lass dir das nicht gefallen!« – »Du musst sie zur Rede stellen!« – »Du bist doch die Chefin,

sie ist weisungsgebunden« usw. Gut gemeint und völlig sinnlos.

Es war offensichtlich, dass ihr weder die Worte noch der
Mut fehlten. Diese Frau wäre in der Lage gewesen, dieses
Seminar selbst zu leiten! Nein, es fehlte ihr ausschließlich
an der inneren Erlaubnis, der moralischen Absolution.

Die Fragen »Welches Gepäckstück in Ihrem unsichtbaren
Rucksack lähmt Sie in dieser Situation? Woran erinnert Sie
das?« brachten die Wende. Eine längst verschüttete, ver-
gessene Geschichte tauchte vor ihrem inneren Auge auf. Sie
berichtete von einem traumatischen Erlebnis, einem Ereig-
nis aus frühester Jugend. Sie war 14 Jahre alt und verliebte
sich in einen Jungen aus einer höheren Klasse. Für beide war
es die große Liebe, aber sie wusste, dass er bei ihr zu Hause
nicht akzeptiert würde, weil seine Eltern Alkohol- und Dro-
genprobleme hatten.

Sie verbrachten einen wunderschönen, sehr unschuldigen
Nachmittag im Park, an dem sie die Zeit völlig vergaßen.
(»Ich war nie wieder in meinem Leben so glücklich wie an
diesem Tag.«) Als sie nach Hause kam, überschütteten sie
ihre Eltern mit Vorwürfen: »Wo warst du? Wir haben uns
Sorgen gemacht! Warum kommst du erst jetzt?« – Wir
konnten uns die Szene lebhaft vorstellen.

Der Vater, sehr in Aufruhr, verbot seiner Tochter katego-
risch jeden Umgang mit ihrem Freund, drohte, sie auf die
Straße zu setzen und ihr jegliche Unterstützung zu verwei-
gern, wenn sie ihn noch einmal wiedersehen würde. Die
Tochter, schon damals analytisch stark, erkannte mit einem
Blick, dass ihre große Liebe keine Überlebenschance hatte
(»Ich war 14!«), und fügte sich diszipliniert, aber todtraurig
ihrem Vater.

Sie tröstete sich nach einiger Zeit, machte Karriere und fand auch wieder privates Glück. Aber unausgesprochen und inzwischen völlig unbewusst hatte sie eine Abmachung mit sich getroffen: Ich werde nie mit Zwang in den Entscheidungsbereich eines anderen Menschen eingreifen, so wie es mein Vater bei mir getan hat.

Als ihr der Zusammenhang klar wurde, war Sonja L. sehr verblüfft. Plötzlich machte ihre Hilflosigkeit Sinn! Es gab ein starkes, wenngleich vollkommen unbewusstes Verbot.

Die Lösungsschritte waren klar und relativ einfach: Die alte Situation annehmen (»Ja, so war das. Ich war einfach noch so jung. Und heute kann ich besser für mich sorgen.«), sich selbst verzeihen und dann ein offenes Gespräch mit der Mitarbeiterin führen. Beides gelang ihr nach ein paar Wochen, wie sie mir in einer Mail schrieb.

Oft sind es dramatische, schmerzhafte Situationen aus der Vergangenheit, die unser aktuelles Leben stark beeinflussen. Unsere Eltern – oder die Menschen, die diese Funktion bei uns erfüllt haben – bestimmen unser Bild von der Welt in entscheidendem Maße. Ihr Erleben der Beziehung zu Ihrer Mutter prägt Ihr Verhältnis zu allen Frauen, und wie Sie die Beziehung zu Ihrem Vater erleben, beeinflusst Ihre Beziehung zu allen Männern, denen Sie in Ihrem Leben begegnen. Wie auch nicht? Es sind die ersten Prototypen dieser beiden Spezies Mann und Frau, die uns begegnen, wir sind Zwerge im Land der Riesen. Und diese Riesen haben aus Sicht des Kindes die uneingeschränkte Macht. So etwas prägt eine Kinderseele. Das können wir blöd finden und uns dagegen wehren, wahr bleibt es trotzdem. Erst wenn Sie dieses grundlegende Prinzip akzeptiert haben, haben Sie die Freiheit, sich zu verändern.

Beispiel:

> Eine andere Seminarteilnehmerin, Petra S., hatte Schwierig-
> keiten, sich als Chefin zu positionieren. Immer wollte sie,
> dass sich alle Mitarbeiter wohl bei ihr fühlten. »Ich arbeite
> wie ein Pferd, und meine Mitarbeiter tanzen mir auf der
> Nase rum. Ich weiß, dass ein Machtwort längst überfällig
> ist. Aber in mir sträubt sich alles dagegen.«
>
> Als junges Mädchen war sie lange Zeit im wahrsten Sinne
> des Wortes die rechte Hand ihres kriegsversehrten Vaters,
> dem die rechte Hand fehlte. Viele Jahre hatte sie alles nach
> seinen Anweisungen für ihn erledigt und dabei eine feine
> Fähigkeit dafür entwickelt, ihren Vater als den eigentlichen
> Urheber dastehen zu lassen. Sie wollte – unbewusst – alles
> dafür tun, dass seine Behinderung unsichtbar wurde.

Zur Lösung ihres Problems war eine Klärung notwendig: Welche Funktion hatte sie in ihrer Ursprungsfamilie? Wie konnte sie von der Rolle als unterstützende Tochter Abschied nehmen? Außerdem machte sie eine Familienaufstellung (siehe das Kapitel »Coaching – Die Verabredung zum Siegen«), in der sie von ihrem Vater die Erlaubnis bekam, jetzt und in Zukunft in der ersten Reihe zu stehen und die Verantwortung voll und ganz zu übernehmen.

Wie Petra S. mir berichtete, führten diese Schritte schlagartig zu einer Veränderung ihres Auftretens als Chefin. »Ich habe meine Kraft wiederentdeckt und genieße es, in meiner Position sehr klare Ansagen zu machen. Und einige meiner Mitarbeiter sind schon zu mir gekommen und haben mir gesagt, wie erleichtert sie sind, dass dieses ›Rumgeeiere‹ aufgehört hat. (›Endlich sagt sie's mal. Wurde aber auch Zeit.‹)«

Das können Sie tun:

Auch hier ist wieder Archäologie gefragt. Nur dass die Ausgrabungsaktionen in Ihrem Inneren passieren und eine Etage tiefer gehen. Was sind Ihre unerledigten Geschäfte? Werden Sie zum Forscher in eigener Angelegenheit. Hören Sie auf Ihre Intuition. Und vermeiden Sie nach Möglichkeit, über die Sache zu viel nachzudenken. Sie wissen ja: Wenn Sie das Problem über Nachdenken hätten lösen können, dann hätten Sie es bereits gelöst.

Ansonsten sind die möglichen Lösungsschritte ganz ähnlich wie schon im Kapitel »Reiten Sie den Elefanten oder werden Sie geritten?« beschrieben:

Den Mut entwickeln, eine Frage offenzuhalten (»Was meldet sich in mir?«), anstatt sofort zur Beruhigung nach einer möglichen Lösung zu schielen. Die Kraft finden, die möglichen Beweggründe nicht zu verurteilen, sondern neutral anzuschauen. Diesen bisher verdrängten Persönlichkeitsanteilen innerlich einen Stuhl anbieten und ihnen zuhören. (Zur Erinnerung: Nicht zu tadeln fördert automatisch Ihre Intuition.) Heilung setzt wunderbarerweise genau in dem Moment ein, in dem Sie voll und ganz zu diesem am Anfang gewiss befremdlichen Gedanken stehen.

Beispiel:

Vor einiger Zeit leitete ich einen Präsentationsworkshop in einem großen Unternehmen für Mitarbeiter, die ihre (Außen-)Wirkung auf andere überprüfen wollten. Ich stellte den Teilnehmern am zweiten Tag die Aufgabe, in einem kurzen dreiminütigen Auftritt der Gruppe zu erzählen, »wer Sie wirklich sind und was Sie im Kern ausmacht«. Wir nahmen ihre Kurzauftritte auf Video auf, um sie anschließend in der Gruppe zu begutachten. Eine Teilnehmerin war nach dem Anschauen ihres Bandes wie vom Donner gerührt; sie konnte kaum aufhören zu weinen.

In einer Nachbereitung zu ihrem Auftritt berichtete sie mir, was sie beim Anschauen ihres Films so fassungslos gemacht hatte: Die tiefe Erkenntnis, bis heute noch nie richtig gehört und gesehen worden zu sein. Und die Angst, für das, was sie im Kern ausmachte, verurteilt zu werden. Fast augenblicklich setzte die Integration dieses abgespaltenen Anteils bei ihr ein, mit dem Ergebnis, dass sie in den darauffolgenden Wochen von einem lang anhaltenden Kraft- und

Glücksgefühl getragen wurde, wie sie mir in einer Mail berichtete.

Das habe ich ganz oft erlebt: Wenn ein unerledigtes Geschäft aufgedeckt wurde, war in den meisten Fällen nach der Trauer und den Tränen auch deutlich neuer Lebensmut bei den Teilnehmerinnen zu spüren.

Und seien Sie ohne Sorge, dass Sie sich eventuell übernehmen, wenn Sie für sich ein angstbesetztes Thema angehen. Die gute Nachricht ist, dass unsere Seele schon aufpasst, dass wir uns nicht überheben. Ein zu tiefer Schmerz wird einfach wieder verdrängt. (Und damit erfüllt Verdrängung eine überlebensnotwendige Funktion.) Diese Regel gilt nach meiner Erfahrung immer dann, wenn Sie aus innerer Überzeugung und mit einem klaren eigenen Entschluss an die Angelegenheit herangehen. Ihr inneres Wissen, wie viel Bewegung und Dynamik Sie verkraften, ist ausgeprägter, als Sie vielleicht denken.

Und bitte: Gehen Sie achtsam mit Ihren inneren Widerständen um. Größte Wachsamkeit ist bei (über)ehrgeizigen Seminarleitern, Coaches oder Therapeuten geboten. Sie bestimmen Ihr Entwicklungstempo, nicht irgendein imaginäres Klassenziel. Konkret heißt das: Lassen Sie sich nicht unter Druck setzen. Sie dürfen immer sagen, wenn Ihnen etwas zu weit geht. Und Ihr Gegenüber hat das zu respektieren. In jedem Fall.

Die Konkurrenz der Frauen ist weiblich
Frauen konzentrieren sich auf den falschen Gegner

Wieder so ein ungeschriebenes Gesetz, das mir in meiner Arbeit als Trainer immer wieder begegnet, wenn ich Einblicke in die Gedanken- und Gefühlswelt meiner Seminarteilnehmerinnen nehmen darf. Ich stelle oft fest, dass nur die weiblichen Kollegen von den Frauen als Konkurrentinnen wahrgenommen werden, was dann den schönsten Zickenkrieg auslösen kann. Die Männer können machen, was sie wollen, sie werden selten bekämpft. Gewissermaßen, als ob sie außer Konkurrenz liefen.

Das ist umso erstaunlicher, weil die Chancen der wenigen Frauen in einer männerdominierten Gruppe, sich durchzusetzen, ungleich höher wären, wenn sie sich zusammentäten. Ein männlicher Seminarteilnehmer, der sein Glück kaum fassen konnte, hat es auf den Punkt gebracht: »Na ja, und dann haben die sich stundenlang gegenseitig beharkt, da war ich dann fein raus.«

Anfangs habe ich noch geglaubt, dass die Frauen sich für Auseinandersetzungen lieber einen vermeintlich schwächeren Gegner aussuchen (eine andere Frau) und deshalb die Männer verschonen. Die geschilderten Situationen bestätigten das aber nicht.

In vielen Gesprächen in Seminargruppen und Einzelcoachings hat sich für mich inzwischen ein ganz anderes Motiv herauskristallisiert:

Die mangelnde Eigenliebe vieler Frauen.

Nach meinem Verständnis ist es so: Jede (frühere) Konfrontation mit Eltern und Lehrern oder anderen wichtigen Personen, in der in uns ein Gefühl des »Nicht-Genügens« erzeugt wurde, führt, wenn wir nicht unseren Frieden damit machen, unweigerlich in die Abspaltung. Das heißt wir haben es im Inneren nicht verarbeiten können und projizieren es nach außen. Diese Verlagerung führt dazu, dass wir »Stellvertreterkriege« führen. Sie lösen den Ursprungskonflikt nicht, das hält uns aber nicht davon ab, es hingebungsvoll immer und immer wieder zu versuchen und die Projektionsfläche zu bekämpfen. Und wer bietet sich für eine Frau im Berufsalltag als Projektionsfläche besser an als die Kollegin?

Sie halten das für absurd? An den Haaren herbeigezogen?

Dann beobachten Sie doch mal, wie schlecht viele Frauen von ihren Geschlechtsgenossinnen reden. So sehr kann kein Mann über sie herziehen! Ich habe mich immer gewundert, wo denn die viel gepriesene Solidarität bleibt, von der in Frauenkreisen immer wieder die Rede ist.

Ich möchte nie im Leben Mitglied in einem Verein werden,
der Leute wie mich als Mitglieder aufnimmt.

Groucho Marx

Viele Männer nehmen dieses »Geschenk« gerne an. Sie sind, wenn es ihnen begegnet, immer ein bisschen ungläubig, schütteln den Kopf und freuen sich über so viel Selbstzerfleischung, die ihnen das Leben leichter macht. Und halten sich ihrerseits raus. Wer will schon eingreifen, wenn sich die Furien gegenseitig die Augen auskratzen? Nachher kriegen sie es noch selber ab. Schönen Dank!

Mangelnde Eigenliebe ist selbstverständlich keine rein weibliche Angelegenheit, auch bei Männern kommt sie vor; aber bei uns ist dieser Hass meist besser versteckt (verdrängt) und so weit weggeschoben, das Außen so abgespalten, dass der Ursprung schlechter zu erkennen ist.

Beispiel:

> Bei *Harry Potter* gibt es eine Gestalt, die als Paradebeispiel für Selbsthass gelten kann: der Hauself Dobby. Eigentlich »Sklave« der mit Harry Potter in Fehde befindlichen Zaubererfamilie der Malfoys, will er Harry, der ihm – eher nebenbei – einen Gefallen getan hat, vor den bedrohlichen Absichten der Malfoys warnen, um ihn zu retten. Nun steht er im Loyalitätskonflikt: Sein unbedingter Gehorsam gegenüber der Familie und die Dankbarkeit gegenüber Harry Potter sind nicht vereinbar. Der Hauself findet nur einen drastischen Ausweg aus diesem Dilemma: Er muss Harry warnen und sich anschließend selbst bestrafen, indem er seinen Kopf gegen die Wand schlägt, bis er blutet.

Selten begegnen wir diesem inneren Konflikt in so reiner, unverstellter Form. Im wirklichen Leben sind wir geschickter darin, unsere Widersprüche zu vertuschen. Ein berühmter Modeschöpfer brachte es neulich auf den Punkt: »Aus männlicher Sicht betrachtet gehört schon eine gehörige Portion Selbsthass dazu, für ein vermeintliches Schönheitsideal auf zehn Zentimeter hohen Absätzen unsicher und schwankend durch die Gegend zu stolpern. Ich versichere Ihnen: Kein Mann wäre zu so einer Selbstkasteiung bereit.« Schöner kann man es nicht formulieren.*

---

* Leider habe ich es beizeiten versäumt, mir den Namen des Schöpfers dieses wundervollen Zitates zu notieren. Bitte sehen Sie es mir nach – die Aussage passt hier einfach zu gut, die möchte ich Ihnen nicht vorenthalten.

Das können Sie tun:

Sobald Sie bemerken, dass Sie schlecht über andere Frauen reden – hören Sie auf damit! Und lenken Sie das Gespräch auf ein neutrales Gebiet. Machen Sie sich bewusst, dass so eine feindselige Haltung zuallererst die gesellschaftlichen Hierarchien zementiert – die Sie ja nicht mehr unterstützen wollen – und Sie selbst belastet. Fangen Sie an, sich die richtigen Gegner vorzunehmen, zum Beispiel mittelmäßige Männer, die Ihnen das Leben schwer machen.

Und nehmen Sie sich in diesem Punkt mal (ausnahmsweise) ein Beispiel an den Männern: An einen erfolgreichen Mann werden sich – ohne zu zögern – andere Männer sofort dranhängen. Der Begriff »Seilschaft« bekommt da eine ganz neue Bedeutung.

Beispiel:

Der Kollege Gerd W. steigt auf und wird befördert? Natürlich bekommt er Gratulationen von allen Seiten, gepaart mit der Bemerkung, dass man immer schon gewusst habe, wie viel er draufhat; man sei schon immer ein Fan von ihm gewesen, wenn auch im Stillen usw. Selbstverständlich durchschaut der so hochgelobte Gerd das durchsichtige Manöver, aber er genießt die Ehrerbietungen und gönnt anderen, die sich prompt um die raren Stehplätze in seiner Nähe drängeln, sich in der Sonne seines Erfolgs zu wärmen. Wer weiß, vielleicht fällt ja da noch was ab für Nebenstehende?

Sie finden das abgeschmackt und unwürdig? Mag sein. Aber es funktioniert.

Viele Frauen verfahren da eher nach dem »Krabbenkorb-prinzip«:

Eine Ausreißerin in höhere Sphären wird mit vereinten Kräften wieder ins Mittelmaß runtergezogen. So nach dem Motto: »Ich traue mir selbst den Aufstieg nicht zu, aber eine andere soll es auch nicht dürfen.« Gerade engagierte Frauen berichten in meinen Seminaren immer wieder von ausgeprägten Verhinderungskämpfen auf dem Weg nach oben. Gemeinsam wären sie tatsächlich viel stärker und schon wesentlich weiter auf ihrem Weg. Für mich ein klares Indiz für mangelnde Eigenliebe.

Die viel gepriesene Solidarität unter Frauen gibt es in der Praxis des täglichen Lebens eher in der Umkehrung, dem »Club der Schwachen«. Viele Frauen bestätigen, dass ganz oft ein negatives Wettrennen stattfindet, getreu nach dem Motto: »Ich habe am meisten Grund, dass es mir schlecht geht. Ich habe den miesesten Mann, fiesesten Chef, blödesten Vater, schlechtesten Ausbilder ...« Ich bin immer wieder verblüfft, mit welcher Hingabe solche Wettkämpfe um die schlechtesten Plätze geführt werden.

Nun bin ich ja überzeugt davon, dass niemand etwas immer wieder tut, von dem er nichts hat. Die Psychologen nennen es plastisch den *positiven Krankheitsgewinn*. Sie meinen damit, dass in jeder Handlung, die wir tun, und sei sie auch noch so schädlich für uns, eine Belohnung, ein Anreiz stecken muss. Sonst würden wir die Handlung einstellen.

Aber was ist hier die Belohnung? Zuerst einmal haben wir eine hervorragende Entschuldigung: Wenn wir den Preis für die miesesten Voraussetzungen errungen haben, sozusagen das Attest für den schwersten Fall, brauchen wir uns auch nicht wirklich zu ändern. Und das ist sehr bequem. Als arme

Sau haben wir sogar noch das Mitgefühl der anderen. Leichter können wir an vermeintliche Anerkennung gar nicht kommen.

Auf einen zweiten möglichen Grund hat mich eine Freundin hingewiesen. Sie sagte: »Mein Leiden sorgt dafür, dass ich keine Neider habe.« Ich gebe zu, das ist eine Sichtweise, die mir erst mal fremd vorkommt. Für mich ist Neid immer schon die ehrlichste Form der Anerkennung gewesen. Aber ich glaube, dass sie da einen ziemlich universellen Nagel auf den Kopf getroffen hat.

Das können Sie tun:

Wenn Ihnen dieses negative Wettrennen bekannt vorkommt und Sie sich in Teilen davon wiedererkannt haben, seien Sie in der nächsten Zeit sich selbst gegenüber aufmerksam. Es könnte sein, dass es Ihnen in der Ausübung wiederbegegnet. Machen Sie sich klar, dass das wachsende Bewusstsein über eine im Grunde destruktive Handlung schon die halbe Miete ist. Wenn Sie sich also in flagranti erwischen: Hören Sie einfach auf damit, stoppen Sie den Jammersatz im vollen Lauf und beschäftigen Sie sich mit etwas anderem. Es mag Ihnen banal vorkommen, aber die meisten schlechten Angewohnheiten können aktiv beendet werden, es bedarf keiner großen Gehirnwäsche oder übermenschlicher Anstrengung. Sie haben immer *jetzt* die Gelegenheit, es zu ändern.

Eine simple, aber höchst wirkungsvolle Methode, sich eine schlechte Angewohnheit abzutrainieren, ist die 10-Cent-Methode. Sie ist ganz einfach: Sie besorgen sich zehn einzelne Cent-Stücke und stecken sich die morgens in die linke Hosen-, Rock- oder Jackentasche. Jedes Mal, wenn Sie auf Ihr Jammern aufmerksam werden und es stoppen können, holen Sie ein Cent-Stück aus der linken Tasche und stecken es in die rechte. Am Ende des Tages sollten alle Centstücke in der rechten Tasche gelandet sein. Jeder Tag, an dem Sie das geschafft haben, ist ein bewusster Tag gewesen. Diese Methode habe ich zuerst im Körpertraining angewandt, als es um die bewusste Korrektur meiner Haltung ging. Aber wie ich inzwischen festgestellt habe, hilft sie auch auf anderen Gebieten.

Inneres Wachstum entsteht zuallererst durch Anerkennung und Integration ungeliebter Anteile (hier die mangelnde Eigenliebe und die destruktive Haltung). Wenn Ihnen das auffällt und Sie den entsprechenden langen Atem haben, können Sie vieles bewegen.

Der Cinderella-Komplex und der Macho-Mann
Die heimliche Sehnsucht nach einem Versorger

Auf einen anderen – möglicherweise zentralen – Grund für innere Sabotage brachte mich der Hinweis einer Seminarteilnehmerin: die Arbeiten der amerikanischen Journalistin Colette Dowling, die sie unter dem Titel *Der Cinderella-Komplex* schon vor einigen Jahren veröffentlicht hat.

Kurz gesagt beschreibt sie eine tief sitzende Sehnsucht (fast) jeder Frau danach, beschützt, versorgt und gerettet zu werden. Was auf den ersten Blick in unseren Zeiten wie überholt klingt, erweist sich bei näherem Hinsehen immer noch als aktuell: Ihr zufolge warten auch heute noch viele Frauen wie Aschenputtel im Märchen auf den rettenden Prinzen,

und das schon seit Kindheitstagen, um vom Mann alle Er-
werbsnöte abgenommen zu bekommen, von ihm geliebt, gewollt, bestätigt und umsorgt zu werden und in ihrer eigentlichen Bestimmung als »gute Ehefrau« aufzugehen. (Sehen Sie
das Schäfchen um die Ecke blicken?)

Dowling vertritt die These, dass die persönliche psychologi-
sche Abhängigkeit – der tief verwurzelte Wunsch, von anderen versorgt zu werden – die stärkste Kraft ist, die Frauen
heute unterdrückt.

Selbstverständlich kollidiert diese Sehnsucht nach Abhängigkeit mit den Anforderungen, die heute von der Gesellschaft an eine (junge) Frau gestellt werden. Das sei auch der
Grund dafür, so Dowling, dass diese Sehnsucht meist tief verdrängt wird. Trotzdem bleibt sie handlungswirksam und hindert Frauen an beruflichem Erfolg. Überzeugend legt sie dar,
dass so manche (hart erkämpfte) berufliche Selbstständigkeit
der Frau sich in dem Moment in Luft auflöst, in dem der
rettende Held die Szene betritt.

Dowling schreibt auch von weiblicher Erfolgsangst: Nicht
wenige Frauen vermeiden beruflichen Erfolg aus Angst, dadurch nicht mehr genügend attraktiv für Männer zu sein, die
mit einer wirklichen weiblichen Autonomie (die sich zum
Beispiel durch ein höheres Gehalt der Frau ausdrückt) nicht
gut umgehen können. Auch dieser Glaubenssatz ist uralt:
Wenn Frau zu erfolgreich ist, kriegt sie keinen Mann mehr ab.

Liebe Leserin, ich kann nicht beurteilen, ob das eben Gesagte auch auf Sie zutrifft. Das werden Sie nur ganz alleine für
sich entscheiden können. Aber ich kann Ihnen aus eigener
Anschauung sagen, dass ein höheres Gehalt meiner Partnerin
mit Sicherheit etwas wäre, was mich beschäftigen würde. Ich
leide unter keinem zu großen Minderwertigkeitskomplex und

würde schon damit klarkommen, aber es wäre kein unwichtiger Aspekt für mich.

Wenn nur die Hälfte dessen, was Colette Dowling so überzeugend darlegt (und in großen Teilen von meinen Seminarteilnehmerinnen bestätigt wurde), stimmt und von der Mehrheit der Frauen so gelebt wird, dann bekommt die sogenannte gläserne Decke in Unternehmen, wenn es um die Karriere von Frauen geht, einen tieferen Sinn. Ganze Schäfchenherden werden von diesem Glauben satt.

Das können Sie tun:

Wenn Sie bei dem zuvor Beschriebenen innerlich nur den Kopf geschüttelt haben über so einen Schwachsinn, dann blättern Sie bitte einfach weiter, gehen Sie heiteren Gemüts über zu einem anderen Kapitel, das Sie mehr interessiert. Denn dann ist das hier offensichtlich nicht Ihre Baustelle.

Falls es eine klitzekleine Stimme in Ihnen gibt, der diese Sehnsucht irgendwie bekannt vorkommt, dann lade ich Sie zu einem kleinen Gedankenexperiment ein:

Nehmen wir nur mal für zehn Minuten an, Colette Dowling hat recht und es gibt so einen heimlichen Versorgerwunsch auch in Ihnen. Heißt das jetzt, dass Sie alle ehrgeizigen Berufspläne ad acta legen müssten? Dass Sie sich ins Private zurückziehen sollten, sich hübsch machen, vor allem nett aussehen und betont lässig und mit vollendetem Gleichmut auf den Auftritt des Märchenprinzen warten sollten?

Nein, das heißt es nicht.

Es ist einfach noch ein bisschen mehr Material aufgetaucht, das angeschaut und integriert werden möchte, das ist alles.

Aber zur Integration kommt es häufig gar nicht. Nach der Erfahrung, die ich in meinen Seminaren gemacht habe, löst schon das bloße Zulassen der theoretischen Möglichkeit, Dowling könnte recht haben, eine tief gehende Angst aus. Und das scheint mir auch der Grund zu sein, weshalb ihre Thesen keine größere Beachtung gefunden haben: Der Gedanke ist einfach zu schrecklich.

Willkommen im Club! Auch Männer haben schreckliche Gedanken, die sie schnell wegpacken. Wollen Sie eine Kostprobe davon? Bitte sehr:

Jeder Junge macht irgendwann im Alter von acht bis zehn Jahren eine scheußliche Erfahrung mit einem älteren Jungen: Da ist jemand, der ist größer und kräftiger als er und der kann ihn schlagen, ihm wehtun, ihn demütigen. Diese Erfahrung von Ohnmacht ist universell, das heißt in jedem Land dieser Erde anzutreffen, und so erschütternd, dass jeder Junge anfängt, sich Strategien zu überlegen, wie er dieser Situation am besten begegnen kann. Ausweg Nummer eins sagt: »Ich bin schneller als dieser Schläger, also kann ich wegrennen. Das ist zwar demütigend, aber ich rette wenigstens meinen Hals.« Ausweg Nummer zwei lautet: »Der Typ ist stärker, keine Frage, aber ich bin klüger als er, also wird mir schon eine Lösung einfallen.« Ausweg Nummer drei sagt: »Ich bin besser als dieser miese Kerl. Wenn es hart auf hart kommt, werden die Erwachsenen es bemerken und mich retten.« Ausweg Nummer vier heißt: »Ich sehe zwar nicht so aus, aber ich bin stärker als er.«

Keiner dieser Lösungsansätze ist noch im Tagesbewusstsein, aber jeder Mann trägt sie unbewusst und unüberprüft mit sich herum: »Ich bin schneller, klüger, besser, stärker als er.« Im Grunde beschreibt dieser Satz den Kern des männlichen Machoverhaltens, ausgelöst durch die Erfahrung: »Der will mir was antun.« Männer denken von diesem Gedanken aus, handeln von diesem Gedanken aus und sind sich so sicher, dass dieser Satz wahr ist, dass sie ihn nicht mehr bewusst denken, sondern zu diesem Satz werden.[6]

Sie halten das für übertrieben? Fragen Sie irgendeinen Mann. Ich gehe jede Wette mit Ihnen ein, dass er sich auch nach 40, 50, 60 Jahren noch an seine erste demütigende Erfahrung mit einem stärkeren Jungen erinnern kann.

Der Formel-1-Chef Bernie Ecclestone hat es so ausgedrückt: »Jedes Mal, wenn die denken, sie hätten mich an den Eiern, stellen sie fest, dass ihre Hände dafür nicht groß genug sind.« Selten hat es jemand klarer gesagt.

Warum erzähle ich Ihnen das alles? Weil es ein gutes Beispiel dafür ist, wie verborgene Grundüberzeugungen ein Leben lenken können. Und dass Mann trotzdem die Chance hat, sein Leben anders zu gestalten. Oder glauben Sie, jeder Mann müsste deshalb fortgesetzt wie ein Macho denken und handeln? Eben.

Sind die zehn Minuten unseres Gedankenexperiments noch nicht um? Dann können wir ja weitermachen:

Also, wir nehmen immer noch an, dass dieser heimliche Versorgerwunsch in Ihnen existiert. Und wir wissen jetzt auch, dass er Sie nicht zu der Heimchen-am-Herd-Nummer zwingt. Und dass er Ihnen trotzdem im entscheidenden Moment die Kraft rauben kann. Stichwort »innerer Saboteur«. Also was können Sie konkret tun? Das Gleiche, was Männer mit der Machonummer tun können: Diesen Gedanken als ein Grundmuster in Ihrem Leben erkennen und jedes Mal, wenn er in Ihrem Leben auftaucht (und das kann verdammt oft passieren), breit darüber grinsen. Wenn Sie genug Beobachtungsmaterial gesammelt haben, können Sie den Autopiloten ausschalten und per Hand weiterfliegen. Sie halten das für schwierig? Nein, das ist es meiner Erfahrung nach nicht. Aber niemand hat gesagt, dass es nicht schwer ist.

Kommt eine Frau zum Arzt und sagt: »Herr Doktor, bitte helfen Sie mir. Mein Mann glaubt, er ist ein Huhn.« Der Arzt antwortet: »Ja, warum kommt denn Ihr Mann nicht mit in die Praxis?« Darauf die Frau: »Das geht nicht.« – »Und warum nicht?« – »Wir brauchen die Eier.«

In diesem Sinne ist meine Frage an Sie: Sind Sie bereit zu leuchten oder brauchen Sie die Eier?

WAS HILFT,
WIE IST VERÄNDERUNG MÖGLICH?

In den beiden ersten Kapiteln habe ich Ihnen die Hindernisse vorgestellt, die sowohl von den äußeren Umständen her als auch in Ihrem Inneren dafür sorgen, dass Sie weiterhin in der Rolle des Schäfchens bleiben. Nun möchte ich Ihnen einige einfache Methoden zeigen, mit denen Sie sich davon verabschieden können.

Es geht bei all dem nicht um eine grundlegende Änderung Ihrer Persönlichkeit, sondern um eine neue Handlungsoption oder, um es bildlich auszudrücken, darum, eine neue Weiche in Ihr persönliches Schienennetz einzubauen. Ziel ist, dass Sie in Konfrontationen die Wahl haben, welches Gleis Sie benutzen wollen:

»Fahre ich linksrum, so wie ich es immer schon gemacht habe, vor allem auch, weil ich mich alles in allem damit immer noch am wohlsten fühle?« Dagegen ist nichts einzuwenden. Ich habe großen Respekt vor einer solcherart bewusst getroffenen Entscheidung.

»Oder möchte ich heute mal andersherum fahren, die Weiche umstellen und mich sprichwörtlich auf neue Wege/Gleise begeben?« Natürlich möchte ich Sie dazu ermuntern, es einmal auszuprobieren, Ihre Grenzen zu erweitern und neue Gebiete für sich zu erschließen, und ich freue mich, wenn Sie die Gelegenheit dazu wahrnehmen.

Darum soll es jetzt gehen: Wie Sie sich Ihre innere Erlaubnis zum Wachsen selbst geben, wie Sie Ihr persönliches

Wachstum beschleunigen können, wie der zu erwartende Gegenwind Sie in Ihrer Entscheidung bestärken kann, wie Sie immer öfter zu Ihrer eigenen Kraft stehen können und wie Sie in Konfrontationen auf Augenhöhe konstruktive Ergebnisse erzielen können.

Auch hier gilt wie schon in den vorangegangenen Kapiteln: Probieren Sie es aus, Sie haben nicht wirklich etwas zu verlieren.

Die innere Erlaubnis
Wer gibt uns das Recht dazu?

Frauen sind im Umgang mit Aggression oft zurückhaltender als Männer. Sie haben nicht oder seltener gelernt, ihre Wut offen zu zeigen und mitzuteilen. Das scheint eine Lebensregel zu sein. Aber es gibt Ausnahmen: Stellen Sie sich nur mal eine Mutter vor, die ihr kleines Kind in Gefahr sieht. Sie kann sich binnen Sekunden in eine Furie verwandeln, kämpft für ihren Nachwuchs wie eine Löwenmutter.

Vielleicht haben Sie selber Kinder? Oder waren sonst schon mal in einer Situation, in der andere Menschen, die Ihnen am Herzen lagen, Ihre Hilfe und Ihren Schutz brauchten? Dann haben Sie diese Erfahrung mit Sicherheit auch schon gemacht, dass Sie in solchen Momenten stark und dominant auftreten konnten, einfach weil es die Situation erforderte. Wenn es Frauen in Extremsituationen gelingt, sich durchzusetzen, dann ist die

Fähigkeit, Aggression einzusetzen, an sich vorhanden. Es fehlt oft nur an der inneren Erlaubnis, sie für alltägliche Zwecke (zum Beispiel im Beruf) und vor allem auch für sich selbst einzusetzen.

Beispiel:

Katja D., Personalsachbearbeiterin bei einem großen Nahrungsmittelkonzern, hat es eilig: In weniger als einer halben Stunde fängt ihre kleine Feier in ihrem Büro an, bei der sie Ihre bevorstehende Beförderung mit ein paar Kollegen feiern will. Zwei Bleche Kuchen hat sie gestern noch gebacken, die sicher auf dem Rücksitz ihres Autos liegen, mit dem sie sich jetzt gerade mehr schleichend als fahrend durch den dichten Verkehr quält. Ein roter Golf schneidet sie brutal und drängt sie ab, um selbst schneller voranzukommen. Hochgefährlich! Bevor sie reagieren kann, ist der Golf schon verschwunden. Katja D. ist fassungslos: Das hätte böse enden können. Kaum hat sie sich beruhigt, wird sie von einem anderen Fahrzeug, es ist ein schwarzer Audi, erneut brutal abgedrängt. Sie kann gerade noch so eben reagieren und nur knapp einen Crash verhindern. Diesmal muss sie so stark bremsen, dass ihre Kuchenladung mit Schwung im Fußraum landet. Sie zittert vor Zorn und hupt wie verrückt. Als die Ampel rot wird, springt sie aus ihrem Wagen, reißt die Tür des Audis auf und schreit den völlig perplexen Fahrer an: »So was machst du nie wieder mit mir! Das nächste Mal zeige ich dich an!« Obwohl die Ampel längst auf Grün umgesprungen ist, hupt kein Autofahrer hinter ihr. Zu eindrucksvoll ist ihr Auftritt. In aller Ruhe steigt sie wieder ins Auto und fährt ins Büro.

Die haarsträubende Verkehrsgefährdung durch die beiden Fahrer hat in Katja D. einen heiligen Zorn hervorgerufen, der es ihr erlaubte, aus sich herauszugehen und ihre gute Kinderstube zu vergessen. Das Gefühl der Empörung hat das innere Verbot »Ein braves Mädchen tut so was nicht!« ausgehebelt. Sie fühlte sich im Recht und konnte sich innerlich die Erlaubnis geben. Das Ergebnis hat sie selbst am meisten überrascht, wie sie im Seminar berichtete: »Ich hab einfach nicht gewusst, was für eine Kraft da in mir ist. Und dass ich das auch gegenüber einem wildfremden Mann so offen zeigen kann, hätte ich nicht erwartet. Aber am meisten hat mich die Reaktion des zweiten Verkehrsrowdys verblüfft. Der starrte mich nur mit offenem Mund an und sagte keinen Ton. Diese Geschichte hat mich zwar die Hälfte des Kuchens gekostet, aber ich habe es wirklich genossen.«

Warum muss erst eine lebensgefährliche Situation eintreten, bevor wir uns erlauben können, zu dem zu stehen, was wir für richtig halten? Die Verkehrsrowdys hatten mehr Macht über Katja D.s innere Verbote als sie selbst! Es klingt absurd, aber es ist nicht nur bei ihr so: Wir alle geben viel zu oft die Verantwortung ab, lassen uns unser Verhalten von äußeren Umständen diktieren.

Mein alter Chemielehrer hat es mal auf den Punkt gebracht: Wenn ich nicht zur Schule gehen möchte, weil ich mal Zeit für mich brauche, habe ich kein Recht zu einer solch willkürlichen Entscheidung. (»Das ist keine Entschuldigung! Es herrscht Schulpflicht.«) Eine simple Magenverstimmung aber reicht vollkommen aus. (»Ich hab die ganze Nacht gespuckt – ich muss zu Hause bleiben.«) Also hat ein verdorbener Magen mehr Macht über mich und meine Entscheidung, zur Schule zu gehen, als meine inneren Beweggründe. Ganz schön absurd.

Festzuhalten bleibt: Wir alle können unsere inneren Tabus überwinden, wenn jemand anderes uns dazu zwingt. »Da überkam mich so ein heiliger Zorn. Ich konnte gar nicht anders.« Die spannende Frage ist nun: Wie können Sie sich selbst die Erlaubnis geben, ohne »Verkehrsunfall« oder »Krankheit«?

Stellen Sie sich nur mal für einen Moment vor, Sie würden Ihre eigenen Belange in Ihrem Alltag mit der gleichen starken Energie vertreten wie die oben erwähnte Mutter, die bei Gefahr wie eine Löwin für ihr Kind kämpft. Einfach so, weil Sie sich dazu entschieden haben, aus freien Stücken. Meine Voraussage ist: Sie wären nicht mehr zu stoppen! Von niemandem.

Psychologen sprechen von Selbstermächtigung. Das ist die Fähigkeit, sich bewusst und autonom für einen Weg zu entscheiden und für sich selbst und diese Entscheidung einzustehen, mit allen Konsequenzen. Also selbstverständlich auch mit der Konsequenz, sich geirrt zu haben und sich dann neu zu entscheiden.

Fahren Sie Auto? Dann wissen Sie ja aus eigener Erfahrung, dass Sie nach der bestandenen Fahrprüfung, als Sie stolz den neuen Führerschein in Händen hielten, noch nicht wirklich Auto fahren konnten. Aber Sie hatten damit die Erlaubnis, es zu lernen! Und die meisten Menschen lernen es dann auch. Aber diese Erlaubnis ist von größter Wichtigkeit, ohne die ginge es nicht.

Ähnlich verhält es sich mit abgeschlossenen Berufsausbildungen. Die frischgebackenen Schul- oder Hochschulabgänger wissen zwar theoretisch eine Menge, in der Praxis werden sie sich aber erst mal ganz neu zurechtfinden müssen. Übrigens: Leistung und Kreativität hängen nicht von Ausbildungsbescheinigungen ab! Viele Quereinsteiger, die zwar in anderen Bereichen schon erfolgreich waren, in ihrer neuen Branche aber kaum theoretische Kenntnisse vorzuweisen haben, sind oft sehr viel innovativer, gehen unbelasteter und unbekümmerter an die Sache heran und sind im Schnitt deutlich erfolgreicher. Wir brauchen viel mehr Quereinsteiger, unkonventionelle Denker und Menschen, die sich das Recht anmaßen, etwas zu können, obwohl sie es gar nicht ordentlich gelernt haben.

Das können Sie tun:

Wenn Sie entschlossen sind, sich selbst die Erlaubnis zum Wachsen zu geben, können Ihnen diese simplen Strategien weiterhelfen:

1. Übertragen Sie vorhandene Qualitäten auf einen anderen Bereich.
Ganz oft haben wir eine bestimmte Fähigkeit längst entwickelt, und zwar in einem weniger bis gar nicht sanktionierten Bereich. Was ist da anders als dort, wo Sie es schwer haben, sich zu behaupten? Was sind Ihre – vielleicht unausgesprochenen – Befürchtungen, wenn Sie dort ähnlich kraftvoll auftreten? Und: Sind diese Befürchtungen realistisch? Fragen Sie Vertraute aus Ihrem beruflichen Umfeld, die Sie von außen neutraler wahrnehmen, wie hoch die Gefahr wirklich ist (zum Beispiel gekündigt zu werden).

Wenn die Gefahr offensichtlich kleiner ist, als von Ihnen angenommen, dann ziehen Sie als nächsten Schritt die Kompetenz, die Sie in einem Bereich erworben haben, ganz bewusst auf ein anderes, schwächeres Gebiet rüber. Sagen Sie sich: »Was ich *da* so souverän tun kann, kann ich *dort* doch auch entwickeln!« Psychologen sprechen von Leistungstransfer. Es ist so viel einfacher, Stärken zu stärken, als Schwächen zu schwächen.

Beispiel:

Astrid F. ist alleinerziehende Mutter und arbeitet halbtags bei einer Gärtnerei als Verkäuferin. Der Umgangston dort ist ziemlich rau, und sehr oft hat sie den Eindruck, dass sie ihren eigenen Standpunkt nicht richtig vertreten kann. Sie fühlt sich auf der Arbeit sehr unwohl, und im Coaching-Gespräch werden erste Anzeichen von Mobbing sichtbar. Auf der Suche nach ihren Kraftquellen wird deutlich, dass sie zu Hause ein ganz klares Regiment führt. Ihre Kinder (ein sechsjähriger Junge und eine neunjährige Tochter), die sie sehr liebt, bekommen klare, nachvollziehbare Grenzen gesetzt. Da hat sie die Fähigkeit, die ihr im Beruf fehlt: klare Ansagen und die nötige Portion Biss, sich auch zu behaupten.

Ein gewisses Maß an Grundvertrauen gibt ihr den Mut, gegenüber ihren Kindern auch unliebsame Entscheidungen durchzusetzen, wie etwa Fernsehzeiten reglementieren. »Es ist ja nur zu ihrem Besten. Ich tue es nicht für mich, sondern damit es meine Kinder später leichter haben. Für sie bin ich bereit, auch mal eine Konfrontation einzugehen.«

Der eigentliche Grund für ihre Zurückhaltung bei der Arbeit, die fast schon zu Unterwürfigkeit gegenüber ihren Kollegen führt, ist die uneingestandene Furcht, ihre Arbeitsstelle zu verlieren, wenn sie »aufmuckt«. Nachdem sie für sich geklärt hat, dass ihre Kollegen ihre Kraft brauchen, ihren Standpunkt und ihre Meinung, ist sie in der Lage, ihre guten Eigenschaften aus dem Bereich der Kindererziehung nach dem Motto »klare Kante setzen« in den beruflichen Bereich zu transferieren. Sie vertritt klar, aber entspannt ihren Standpunkt und ist überrascht, auf wie wenig Gegenwehr sie trifft. Die Kollegen können mit ihrer neuen Art offensichtlich wesentlich besser umgehen. Die Mobbingangriffe hören auf.

2. Stellen Sie sich selbst ein Zertifikat aus.
Betrachten Sie das Leben und seine aktuellen Herausforderungen als eine Gelegenheit, in der Sie den Führerschein für eine bestimmte Fähigkeit, die Sie sich aneignen wollen, bereits in Händen halten, und geben Sie sich selbst schriftlich die Erlaubnis, es jetzt zu lernen. Machen Sie es ganz konkret: »Hiermit habe ich (…) die Erlaubnis, neue Fähigkeiten auf dem Gebiet des Streitens und Standpunktbeziehens zu erwerben.«

Ich weiß, es klingt vielleicht bescheuert, aber wenn Sie sich so ein selbst gebasteltes (liebevoll gestaltetes?) Zertifikat jeden Tag einmal anschauen, setzen Sie in Ihrem Unterbewusstsein ungeahnte Kräfte frei. Probieren Sie es aus.

3. Finden Sie Verbündete in Ihrer Verwandtschaft.
Wir sind ja nicht vom Baum gefallen, sondern stehen, auch wenn uns das gar nicht bewusst ist, in einer langen Familien-

tradition. (Ganz oft denken wir, wir müssten das Rad neu er-finden, dabei gibt es das schon lange.) Wenn man sich die Reise der Menschheit durch die Zeit bis in die Gegenwart auf einem Zahlenstrahl als Länge von zwei Kilometern vor-stellt, dann entspricht ein durchschnittliches heutiges Leben 2,5 Zentimetern.

Auch in Ihrem Familiensystem haben in den Generationen vor Ihnen zahlreiche Menschen Fähigkeiten bei sich entdeckt und weiterentwickelt, auf die Sie sich bewusst beziehen kön-nen. Nehmen Sie sich die Zeit und forschen Sie ein wenig in Ihrer Familienchronik nach. Wenn Sie selber darüber zu we-nig wissen, fragen Sie ältere Verwandte. In den meisten Fällen werden diese sich darüber freuen, ihr Wissen weitergeben zu dürfen. Knüpfen Sie ganz bewusst an Stärken an, die in Ihrer Familie oder weiterer Verwandtschaft gelebt wurden. Im Grunde gibt es in jedem Familienclan starke Persönlichkei-ten, die in ihrer Zeit viel geleistet haben.

Beispiel:

Daniela K. stellt bei so einer Nachforschung überrascht fest, dass ihre Urgroßmutter ein freier Geist war, der sich gegen die damals herrschenden Traditionen behauptet und selbstbewusst ein Leben gelebt hat, das in dieser Zeit für Frauen eigentlich gar nicht vorgesehen war. Sie hat auf sich gestellt ihre Kinder (darunter die Großmutter von Daniela) alleine großgezogen und immer mit Kraft und Optimismus nach vorne geblickt. »Unterkriegen is nich!« war der über-lieferte Spruch von ihr. Daniela fühlt sich dieser ihr bis dato unbekannten Vorfahrin im Tiefsten verwandt (was ja auch der Fall ist). Um die Verbindung konkret erfahrbar zu machen und emotional zu verankern, stellt sie ein Foto von ihr auf und geht in Gedanken bewusst in Kontakt mit ihr. »Ich bitte dich, schau freundlich auf mich und unterstütze mich bei meinen Zielen.« Obwohl sie diese Urgroßmutter niemals kennengelernt hat, ist der Gedanke einer Vorreiterin in ihrer Familie eine Vorstellung, die ihr sehr viel Kraft gibt.

4. Visualisieren Sie Ihr Ziel.

Stellen Sie sich Ihr Ziel so konkret wie möglich vor. Verwenden Sie dafür plastische und sinnliche Bilder, die so gegenständlich wie möglich sein sollten. Vielleicht sehen Sie im Geiste vor sich, wie Sie Ihren neuen Arbeitsvertrag mit einem besonderen Füller oder einem anderen Stift, den Sie im Geiste schon dafür reserviert haben, unterschreiben. Vielleicht stellen Sie sich vor, wie Sie Ihrer besten Freundin am Telefon überglücklich von dem wunderbaren Erfolg berichten: »Du glaubst es nicht. Stell dir vor, was heute passiert ist …«

Wichtig ist, was Sie dabei empfinden, wenn Sie die Bilder vor Ihrem geistigen Auge sehen. Solange sich nicht ein feines, aber deutlich spürbares Glücksgefühl einstellt, ist das innere Bild noch nicht belebend und inspirierend genug.

Stellen Sie sich vor, dass das gewünschte Ziel *jetzt* eintritt, nicht erst in ferner Zukunft. Und vermeiden Sie Negierungen wie zum Beispiel »Ich bin jetzt nicht mehr unsicher«. In unserem Gehirn löst das Wörtchen »nicht« keinen Reiz aus, kann also nicht verarbeitet werden. Übrig bleibt: Ich bin jetzt mehr unsicher…

Also formulieren Sie den Gedanken immer positiv: »Ich bin jetzt schon viel sicherer; ich mache gute Fortschritte.«

5. Geben Sie die Kontrolle auf.
Vielleicht ist das der schwierigste Punkt. Viele Menschen blockieren einen möglichen Wachstumsschritt und damit sich selbst mit dem Gedanken: »Ja, aber wie soll das gehen?«

Sie müssen nicht wissen, wie es geht. Wenn Sie sich aktiv dafür entscheiden, sich die innere Erlaubnis zu geben, dann beginnt eine eigene Dynamik, die wir mit unserem Misstrauen nur stören und behindern.

Ist der Mond jemals zu spät aufgegangen? Haben Sie das Wachstum Ihrer Haare oder Ihrer Nase unter Kontrolle? Oder Ihren Herzschlag? Nichts davon können wir auch nur im Ansatz kontrollieren. Und trotzdem funktioniert es. Das können Sie hier doch auch mal probieren.

Mach den ersten Schritt im Vertrauen.
Du brauchst nicht den ganzen Weg zu sehen.
Mach einfach den nächsten Schritt.

Martin Luther King

Die Unterdruck-Methode
Eine Anleitung zum kontrollierten Wachstum

Haben Sie schon mal was vom Paula-Prinzip gehört? Kurz gesagt beschreibt es die Menschen unter uns, die »zu gut sind, um mutig zu sein«. Soziologen haben einen noch wesentlich treffenderen Ausdruck dafür gefunden: »Überqualifizierte Mutlosigkeit.« Lassen Sie sich den Begriff mal auf der Zunge zergehen: Überqualifizierte Mutlosigkeit!

Beispiel:
Henny D. ist für eine anstehende, noch zu verteilende Aufgabe im Beruf im Grunde zwar längst qualifiziert, aber genügend mutlos, um nicht ein Risiko eingehen zu wollen. »Ach, ich will mir diesen Stress doch gar nicht antun, mir ist es wichtiger, dass mich alle mögen, und so ein Job bringt ja auch eine Menge Ärger, ich will ja auch das Leben genießen...« (Sie wissen schon: Die PR-Abteilung formuliert mal wieder die Legitimation.) Also meldet Henny D. ihre An-

sprüche nicht an, und ihr Kollege, fachlich wesentlich schmalbrüstiger aufgestellt als sie, erhält den Zuschlag. Sie kann es kaum fassen: »Der? Das kann ja gar nicht gut gehen!«, denkt sie, und richtig: Am Anfang macht ihr Kollege alle Fehler, die er nur machen kann. Seine Mission hängt am seidenen Faden. Aber mit der Zeit wird seine Fehlerquote geringer, die Zweifler werden leiser, und ehe Henny D. es sich versieht, hat ihr Kollege nicht nur das Projekt glücklich zu Ende gebracht, sondern sich flugs auch noch für weitere höhere Aufgaben empfohlen. Bringen wir es auf den Punkt: Er hat sie überrundet, und sie muss ihm jetzt womöglich auch noch zuarbeiten, obwohl er von der Qualifikation her... Genau. Herzlichen Glückwunsch.

Was hat der Kollege von Henny D. anders gemacht? Er hat sich an die Unterdruck-Methode gehalten, eine Strategie, die Sie bei allen erfolgreichen Menschen finden:

Er meldet sich prinzipiell für Projekte, die eine halbe Nummer zu groß für ihn sind, in der sicheren Überzeugung, dass er die fehlende Kompetenz schon durchs Tun erlernen wird. (Außerdem sind ja noch die ganzen Paulas oder Hennys da, die können ihm in der Not unter die Arme greifen.) Er erzeugt also eine spezielle Art Unterdruck, der sein inneres Wachstum fördert.

Ich kann mir bildlich vorstellen, wie die Schäfchen bei einem derartigen Ansinnen innerlich die Nase rümpfen: »Wie unfein, nein, dann bleibe ich lieber auf meiner alten Position.«

Einverstanden. Niemand hindert Sie daran. Aber wenn Sie sich in einer schwachen Stunde fragen, warum Sie schon wieder von diversen Blendern überholt wurden, hier haben Sie die Antwort.

Kinder lernen im Grunde auch nach der Unterdruck-Methode. Sie nehmen sich ständig Aufgaben vor, die eine halbe Nummer zu groß für sie sind, und erwerben die Fähigkeit durch Nachahmen und »so tun als ob«. Zum Glück liegt einer der wichtigsten und anspruchsvollsten feinmotorischen Lernschritte des Menschen, das Aufrechtgehen nämlich, in den ersten Lebensjahren. Ein geduldiger Pädagoge hat es mal ausgerechnet: Ein Kind fällt durchschnittlich 60.000-mal hin, bevor es aufrecht gehen lernt. Stellen Sie sich diese Zahl mal plastisch vor: 60.000 Stürze! Was für ein ungeheuer kraftvoller Wille, was für eine enorme Frustrationstoleranz. Ganz ehrlich: Mit einer zögerlichen Haltung à la Paula würden wir uns alle immer noch krabbelnd fortbewegen.

Und viele Paulas tragen eine heimliche Erlösungssehnsucht in sich: »Wenn ich mich nur richtig anstrenge, nur brav Leistung zeige, dann wird Papi (gemeint ist ihr Chef) mich schon sehen und erwählen, ich mache Karriere ganz ohne Hochstapelei.«

Mhm. Versetzen Sie sich mal fünf Minuten in Papis Lage: Wenn Sie der Chef sind, wem vertrauen Sie ein wichtiges Projekt an: der fachlich qualifizierten Mutlosen oder dem beherzten, aber fachlich noch unterbelichteten Kollegen? »Fachliche Qualifikationen kann man nachholen«, werden Sie als Chef denken, »aber Courage ist Entscheidungssache, nicht Lernstoff. Ich kann die nette Kollegin nicht zum Jagen tragen.« Also kriegt's der Kollege. Pech.

Beispiel:

Cornelia I., eine Sachbearbeiterin aus Zürich, berichtete im Seminar von ihrer Arbeitssituation: Sie brauchte regelmäßig für die Bearbeitung der Fälle – sie arbeitete in der städtischen Verwaltung – die Hälfte der Zeit, die ihre Kolleginnen benötigten. Denen blieb das natürlich nicht verborgen, auch wenn sie sich sehr bemühte, es zu kaschieren. Sie wollte nicht auffallen, akzeptiert werden, die alte Geschichte. Und die Gruppe fühlte sich durch ihren Arbeitseinsatz bedroht, weil sie »den Schnitt versaute«. Nach mehreren halbherzigen Bummelversuchen, die sie nur traurig machten, reduzierte sie in ihrer Verzweiflung auf eine halbe Stelle, natürlich ohne damit ihr Problem zu lösen.

Sie war belastet von dem sicheren Gefühl, dass bei ihr etwas nicht richtig sei, da es ihr nicht gelang, sich anzupassen. Auf meinen Hinweis, dass sie an der Stelle absolut fehlbesetzt, weil völlig überqualifiziert sei, reagierte sie mit ungläubigem Erstaunen. Die Idee, sich für höhere Aufgaben zu bewerben, schien ihr völlig absurd. Bei Nachfragen kam heraus, dass sie in der Schule regelmäßig sehr gute Noten nach Hause gebracht hatte, aber mehrmals von ihrem Vater für einen Ausrutscher (nach deutschem Notensystem wäre es die Note Drei) mit den Worten beschimpft wurde: »Du bist ja wohl zum Scheißen zu doof.« Es brauchte eine Menge Tränen, bis sie bereit war, das alte Bild gehen zu lassen und sich für höher qualifizierte Aufgaben zu bewerben.

Das können Sie tun:

Fragen Sie Kolleginnen, denen Sie vertrauen (!), wie die Ihre Fähigkeiten einschätzen. (Aber nicht die Schäfchen, die sie nur zu gerne in den Club der Mutlosen aufnehmen werden.) Worin sind Sie deren Meinung nach besonders gut? Was ist ausbaufähig? In den allermeisten Fällen werden Sie sich selbst kritischer einschätzen, als Ihre Kolleginnen das tun. Das heißt aber noch lange nicht, dass Ihr Urteil richtiger sein muss! Wenn Sie sich unsicher sind, ob Ihre Kolleginnen da nicht zu optimistisch sind, fragen Sie weitere Menschen Ihres Vertrauens.

Wenn Sie dann Ihre tatsächlichen Fähigkeiten identifiziert haben, melden Sie sich konsequent für Projekte, die eine halbe Nummer zu groß für Sie scheinen. Sie werden erstaunt sein, wie vieles davon im Grunde einfach für Sie ist!

> *Durch Übungen in der Pfütze*
> *lernt man das Matrosenleben nicht.*
> Franz Kafka

Zickenalarm!
Kritik von außen bestärkt Sie in Ihrem Ziel

Achtung: Ihr inneres Wachstum provoziert Ihre Umgebung. Fangen Sie schon an, sich ein bisschen stärker zu fühlen? Nehmen Sie schon etwas mehr Raum ein, als Sie bisher für sich vorgesehen hatten? Das ist gut!

Seien Sie sich bewusst, dass Ihr wachsendes Selbstbewusstsein in Ihrem Umfeld sehr genau registriert werden wird. Gerade mittelmäßige Männer – aber vermutlich auch viele Ihrer Geschlechtsgenossinnen – werden mit Argusaugen über Ihre innere Entfaltung wachen. Und Sie sollten sich klarmachen: Die werden, falls erforderlich, sofort zum verbalen Gegenschlag ausholen:

»Dein Ehrgeiz ist ja krankhaft!«

»Du bist schon wieder so hysterisch – so möchte ich nicht sein!«

»Hast du mal wieder deine Tage?«

»Stutenbissigkeit. Oh Gott, das hat mir gerade noch gefehlt!«

»Wenn es der Maus zu gut geht, holt sie am Abend die Katze.«

»Ja, das hab ich auch schon mal geglaubt – hat mir aber auch nicht geholfen.«

»Der liebe Gott sorgt schon dafür, dass die Bäume nicht in den Himmel wachsen!«

Ich bin mir sicher, Ihnen fallen auch noch ein paar schöne Bremssätze ein. Vielleicht ist es genau dass, wovor Sie am meisten Angst haben: dass Ihre Mitmenschen, Ihre Freunde oder Kollegen Sie verurteilen. Aber etwas ist jetzt anders als in den Situationen davor – Sie haben es sich schon ausgemalt. Es kann Sie nicht mehr überraschen, Sie sind vorbereitet.

Und Sie behalten die Lufthoheit darüber, was Sie beleidigen oder Ihnen den Schneid abkaufen kann. Wenn Sie beschließen, dass es Sie nicht herabsetzen kann, dann setzt es Sie nicht herab.

Das können Sie tun:

Jedes Mal, wenn Sie jetzt so eine Kritik hören, können Sie vielleicht ein Grinsen nur mühsam unterdrücken, es kommt Freude auf bei Ihnen. Sie haben es kommen sehen, es erwartet, und Sie wissen auch, dass es nur kommt, weil Sie stärker geworden sind. Sie nehmen es als Auszeichnung, als willkommene Bestätigung für Ihren Kurs, als Wegweiser: »Ich bin auf dem rechten Weg!« Als einen Orden für Ihren Mut und Ihre Entschlossenheit, den Sie sich insgeheim an Ihr Revers stecken.

Und Sie können den Angriffen selbstbewusst und gelassen entgegnen:

»Das ist ja reine Hysterie!« – »Wenn du mit Hysterie meinst, dass ich mir nicht mehr alles gefallen lasse, dann bin ich gerne hysterisch.«

»Dein Ehrgeiz ist ja krankhaft!« – »Nein. Ich bin nur nicht mehr bereit, mich weiter für dumm verkaufen zu lassen.«

»Warum bist du denn wieder so zickig?« – » Ich habe nur gelernt, mich durchzusetzen.«

»Du bist wieder viel zu emotional!« – »Ich arbeite an meinen Aggressionen; und die Entwicklung ist noch nicht abgeschlossen.«

»So verkrampft wie du möchte ich nicht sein!« – »Ich bin ab jetzt zielstrebig, das ist alles.«

»Sei doch nicht so arrogant!« – »Ich engagiere mich, und das gerne.«

Signalisieren Sie Ihrem Gegenüber ruhig und freundlich, dass diese Sprüche Sie nicht treffen können. Halten Sie diese Haltung nur für einen halben Tag durch: Ich verspreche Ihnen, die meisten Angriffe fallen dadurch in sich zusammen wie ein Soufflee, das Zug bekommen hat.

Eine positive Einstellung mag nicht alle Probleme lösen,
aber sie wird genug Leute ärgern,
sodass sich die Anstrengung lohnt.

Herm Albright

Besondere Vorsicht sollte Ihren (noch) blockierten Schäf-chen-Freundinnen gelten: Die riechen als Erste, dass Sie im Begriff sind, sich zu Ihrer vollen Größe aufzurichten. Erwarten Sie in so einem Moment keine Glückwünsche. Und nehmen Sie es nicht persönlich: Frühere Saufkumpane würden ja auch nicht das Trockensein eines Alkoholikers feiern. Im Gegenteil: Ihre Freundinnen empfinden Ihren Aufbruch womöglich als sehr bedrohlich, nach dem Motto: »Wenn sie das kann, habe ich auch keine Ausrede mehr.« Es wäre gut für Ihre Entwicklung, wenn Sie in diesen heiklen Phasen einen gewissen Abstand zu diesen Freundinnen einhalten würden.[7]

Und noch ein Beispiel, auch wenn es schon etwas her ist: Andrea Ypsilanti, die ehemalige SPD-Landeschefin von Hessen, musste sich auf dem Höhepunkt der Auseinandersetzung um eine mögliche Tolerierung ihrer Koalition durch die Linke vom *Stern* die Frage gefallen lassen: »Sagen Sie mal, Frau Ypsilanti, sind Sie eigentlich machtgeil?«

Jetzt stellen Sie sich mal vor, diese Frage wäre zum Beispiel an Gerhard Schröder gestellt worden. Ich glaube, der hätte sie gar nicht verstanden.

Merke: Männer dürfen und sollen führen. Wenn Frauen das Gleiche wollen, sind sie machtgeil. Ganz schön absurd.

Ich freue mich auf den Tag, an dem eine entspannte, selbstbewusste Frau auf so eine Frage eines Interviewers antworten wird: »Was ist denn das für eine Frage? Und Sie: Sind Sie informationsgeil?«

Zu seiner Kraft stehen
Vertrauen Sie Ihrer Intuition

Zu seiner eigenen Stärke, seinen Fähigkeiten zu stehen, gehört viel Mut. Es braucht eine gewisse innere Unabhängigkeit von der Meinung der anderen, den Willen, die eigenen unerledigten Baustellen anzuschauen, die inneren Blockaden und überholten Denkmuster anzuerkennen und zu verabschieden. Und es braucht dazu noch etwas sehr Wesentliches: Das Vertrauen, seiner inneren Stimme, seiner Intuition folgen zu können.

Niemand weiß, was in ihm drinsteckt,
bevor er es nicht herausgeholt hat.
Ernest Hemingway

Auch wenn wir es nicht oder nur selten wahrnehmen – wir haben alle wesentlich mehr Fähigkeiten und Talente in uns, als wir im normalen Alltag ausleben. Mir kommt es manchmal so vor, als ob jedem von uns ein prächtiges Schloss gehörte, wir aber, weil wir keinen Zimmerplan mitbekommen haben, nur die Zweizimmerwohnung des Hausmeisters im Anbau bewohnten; der Rest, prächtige Ballsäle, ausladende Treppenhäuser und herrliche Zimmerfluchten würde nicht benutzt.

Beispiel:

Mit 16 Jahren entdeckte ich meinen zukünftigen Beruf, es war fast eine Art Schock. Wir traten mit unserer Schultheater-AG in einem richtigen Theater im Rahmen einer Schultheaterwoche auf, und die Atmosphäre hinter der Bühne in einem »echten« Theater, die ich hier zum ersten Mal erlebte, verzauberte mich sofort. Dieser Wunsch traf mich völlig unvorbereitet und erschütterte mich tief. Plötzlich war es glasklar: Ich wollte, nein, ich musste Schauspieler werden! Das war mein Zuhause!

Aber war ich auch begabt genug dafür? Wochenlang hatte ich eine ziemlich harte Zeit, taumelte zwischen Euphorie (»And the Oscar goes to…«) und völliger Niedergeschlagenheit: »Woher nimmst du nur den traurigen Mut?« Ich nervte alle verfügbaren Lehrer für darstellendes Spiel an meiner

Schule und die Lehrer anderer Schulen, die mich auf der Bühne gesehen hatten, wollte von ihnen wissen, ob mein Talent für so eine Herausforderung ausreichen würde. Verständlicherweise waren die meisten Antworten nur ausweichend, niemand wollte die Verantwortung dafür übernehmen, dass ich – was ja möglich war – scheiterte. Ein Lehrer aus einer anderen Schule gab mir einen sehr guten Rat: Er riet mir ab. (Was mich erst mal tief schockierte, so genau wollte ich es dann doch nicht wissen.) Und er fügte hinzu: »Ich rate dir ab, weil es wirklich ein harter Beruf ist. Wenn du tatsächlich auf die Bühne gehörst, wirst du dich sowieso nicht an meinen Rat halten. Wenn du ein bisschen unsicher bist, ob ich womöglich recht habe, dann halte dich an meinen Rat, er wird dir eine Menge Ärger und Leid ersparen.« Durch diese erfrischend direkte Ansage wurde mir klar, dass ich im Grunde bei anderen nach einer Erlaubnis fragte; einer Erlaubnis, die sie mir beim besten Willen nicht geben konnten. Und ich konnte aufhören, diese Frage zu stellen! Und ich habe mit klopfendem Herzen meinen Weg als Schauspieler begonnen, ohne zu wissen, ob ich Erfolg haben würde oder nicht.

Mein alter Lehrer aus der Schauspielschule, der inzwischen natürlich mächtig stolz auf mich ist, hat mir Jahre später versichert, dass ich in seinen Augen eher durchschnittlich begabt war. Er erinnerte mich daran, dass ich mit gravierenden Handicaps gestraft war, die mich nicht zum Schauspieler prädestinierten: Ich lispelte, ich stotterte, ich bekam bei Aufregung hektische Flecken im Gesicht, die keine Maskenbildnerin mehr überschminken konnte, und hatte eine heisere Stimme. Nicht wirklich die besten Voraussetzungen für eine glanzvolle Schauspielkarriere. Aber ich musste das machen und konnte mir gar nicht vorstellen, nicht auf die Bühne zu dürfen. Das gab mir den nötigen Biss und den unbedingten Willen, mich durchzusetzen.

Die Frage nach Talent sehe ich inzwischen deutlich differenzierter: Viele meiner Studienkollegen, die zum Teil wesentlich »begabter« waren als ich, sind nie in diesem Beruf angekommen.

Das können Sie tun:

Wie Sie sehen, ist die Frage »Kann ich das?« nicht so entscheidend wie die Frage »Wie sehr will ich das?«. Fehlende Fähigkeiten lassen sich zum Beispiel mit Abendkursen nachholen. Fehlendes Engagement dagegen nicht. Bevor Sie sich also das nächste Mal im Vorhinein selbst disqualifizieren, wenn es um eine neue Aufgabe geht, spüren Sie nach, wie viel Sehnsucht, wie viel Wollen in Ihnen für dieses Vorhaben steckt. Wenn Sie für etwas wirklich brennen, werden Sie Berge versetzen können!

Wenn du ein Schiff bauen willst, dann trommle nicht Männer zusammen, um Holz zu beschaffen, Aufgaben zu vergeben und die Arbeit einzuteilen, sondern lehre die Männer die Sehnsucht nach dem weiten, endlosen Meer.[8]

Antoine de Saint-Exupéry

Aber es gibt neben der inneren Mannschaft, die es zu begeistern gilt, auch im Außen ein wichtiges Kriterium, um in die eigene Kraft zu kommen: Die offene und ehrliche Beantwortung der Frage, ob Sie an dem Platz, wo Sie gerade stehen, richtig sind.

Das mag selbstverständlich klingen, ist es aber nicht: In meinen Seminaren und Coachings begegne ich immer wieder Menschen, die schlicht in der falschen »Herde« gelandet sind:

»Es war einmal ein wunderschönes großes Rhinozeros, das mit seinem Panzer, dem schweren Gewicht, den dicken Beinen und einem spitzen, steil aufragenden Horn auf seiner Nase wirklich ein Prachtexemplar seiner Art war! Es hätte glücklich sein können, so voll stand es in seinem Saft. Aber die Geschichte hat einen gewaltigen Haken. Wir wissen nicht genau, warum es passiert ist, vielleicht weil seine Eltern dachten, es sei eine gute Idee, vielleicht war zu der Zeit dort gerade eine Stelle frei oder es kannte jemanden, der das für eine gute Idee hielt, jedenfalls ist unser Panzertier … in einer Herde Antilopen gelandet. Und müht sich da seit Jahren ab, um von der Gruppe leichtfüßiger, schneller und sehr graziler Huftiere als ihresgleichen anerkannt und akzeptiert zu werden. Und wenn es nicht gestorben ist, dann leidet es noch heute.«

»Von dieser Herde als vollwertiges Mitglied akzeptiert zu werden, das wird nicht gehen«, denken Sie. Und Sie haben recht damit. Alle sehen es sofort, nur unser Rhinozeros nicht. Es hat schlicht nicht den inneren Abstand zu der Sache, bemüht sich verzweifelt und nach Kräften, eine richtige Antilope zu werden. Das ist sehr anstrengend und frustrierend, ehrlich.

»Vielleicht, wenn ich es noch mal mit Weight Watchers versuche? Und wenn ich öfter zur Fußpflege gehe, bekomme ich bestimmt auch so zarte Hufe. Aber wie soll das mit dem Springen klappen? Vielleicht brauche ich einen Personal Trainer?«

Es ist erstaunlich, wie viele Rhinozerosse schon in falschen Herden gelandet sind. Durch einen »dummen Zufall«, weil es vernünftiger schien, weil es schon genug Arbeitslose gibt, weil damals in dem Bereich noch Leute gesucht wurden, weil es praktisch war, weil es doch so ein sicherer Job ist … Vermeintlich gute Begründungen für falsche Entscheidungen in der Vergangenheit gibt es viele, nur helfen sie jetzt nicht mehr weiter. Ich bin aus tiefstem Herzen überzeugt: Für jedes Rhinozeros gibt es die richtige Herde. Und es braucht Mut zu erkennen, vielleicht nicht am richtigen Ort zu sein.

Sie halten die Geschichte für übertrieben? Sie lässt sie kalt? Seien Sie froh, dann ist es offensichtlich nicht Ihre Baustelle.

Sie erkennen sich in Teilen hier wieder? Manches kommt Ihnen schmerzhaft vertraut vor? Dann ist es vielleicht tröstlich zu wissen, dass es viele Menschen gibt, die am falschen Platz stehen, an einem Platz, wo sie überhaupt nicht hingehören. Und dass der wichtigste Schritt die Erkenntnis ist, dass Sie etwas dagegen tun können. Das ist sozusagen die halbe Miete.

Sie haben jetzt zwei Handlungsoptionen: Entweder lassen Sie alles so, wie es ist. Aber ab heute stehen Sie zu Ihrer Andersartigkeit, sind ein selbstbewusstes Rhinozeros unter lauter Antilopen. Und freunden sich mit Ihrer Außenseiterrolle an. Oder Sie machen sich auf und erkunden, in welche Herde Sie denn wirklich gehören, an welchem Ort Sie mit all Ihren Fähigkeiten und Besonderheiten wahrgenommen und akzeptiert werden. Wie Sie diesen Ort finden? Folgen Sie Ihrem Herzen!

Machen Sie sich bewusst, dass ein Teil von Ihnen längst die Antwort auf diese Frage weiß, Sie nur bisher zu beschäftigt waren (oder nicht den Mut hatten) zuzuhören. Sie werden sehr schnell wissen, dass Sie angekommen sind, wenn Sie es lieben, was dort zu tun ist. Schauen Sie sich um. Die Menschen, die ihre Arbeit, ihre Aufgabe lieben, sind schon drei Meilen gegen den Wind erkennbar! Mir geht immer das Herz auf, wenn ich so einer Person begegne. Egal, in welcher Position ich sie antreffe, sei es als Nachtwächter oder Häuptling. Dieser Mensch erinnert mich daran, was wirklich wichtig ist in diesem Leben.

Da wir schon im Reich der Tiere sind: Kennen Sie den Einsiedlerkrebs? Er hat ein weiches, sehr großes Hinterteil, das er dadurch vor den schmerzhaften Zugriffen seiner Angreifer schützt, indem er seinen weichen Popo in eine leere Muschel oder ein anderes hohles Gefäß steckt. Diese geliehene Hülle schleppt er überallhin mit sich herum. Nun gibt es aber ein Problem: Der Einsiedlerkrebs wächst, und mit ihm sein Hinterteil; die Muschel aber wächst nicht. Und irgendwann steht der Krebs vor einem großen Dilemma: Entweder er findet eine neue, größere Muschel und zieht um. Mit der berechtigten Gefahr, dass seine Feinde ihn beim Umzug verletzen oder sogar töten. Oder er stirbt, weil er an seinem eigenen Wachstum erstickt.

Jeder kennt in Veränderungsphasen diesen schwankenden, schwierigen Moment: Noch nicht ganz im Neuen angekommen, aber die alten Zelte sind schon verlassen. So findet Wachstum statt.

Und diese Phasen der Unsicherheit zu akzeptieren und anzunehmen hilft Ihnen, zu Ihrer Kraft zu stehen und den Mut zum Leuchten auch tatsächlich zu finden.

In Kontakt mit Ihrer Aggression
Fünf praktische Übungen

Auch wenn es sich auf den Verkauf meines Buches negativ auswirken könnte: Das Lesen aller Bücher dieser Welt zum Thema Wut wird Sie nicht in das Erleben Ihres Gefühls bringen. Es wird eher Ihre Rationalisierungen stärken, Ihre Vermutungen, wie es sich dann höchstwahrscheinlich anfühlen wird, wie es wohl aussehen wird usw. Es erinnert ein bisschen an einen Reiseführer, dessen Autor das ferne Land nur vom Hörensagen kennt. Ein Buch kann inspirieren, anstiften und Mut machen. Aber wirklich etwas verändern kann nur das Erleben.

Und die einzige Möglichkeit, Ihre Wut zu erleben, besteht darin, sie zu spüren, den Kontakt zu ihr aufzunehmen. Und das geht nur, wenn Sie ins Tun kommen. Praktische Übungen können Ihnen helfen, die Schwelle zwischen »drüber nachdenken« und »spüren« zu überschreiten. Im Nachfolgenden stelle ich Ihnen fünf Übungen vor, mit deren Hilfe viele Seminarteilnehmerinnen – manchmal zum ersten Mal seit Langem – wieder Kontakt zu ihren Aggressionen bekommen haben.

Ein paar Bemerkungen vorweg:

Natürlich sind das alles »Trockenschwimm-Übungen«. Wir sind nicht in einer aktuellen, wutauslösenden Situation, sondern nähern uns dem Phänomen in einem geschützten Rahmen. Nur hier können Sie andere Verhaltensweisen ausprobieren, die Ihnen im Alltag auf Anhieb vielleicht nicht gelingen würden, weil sie zu weit weg von Ihrem gewohnten Reaktionsschema liegen. Wären wir in einer frischen, wuterregenden Situation, könnten wir keine Korrekturen am »offenen Herzen« vornehmen. Das Risiko des Scheiterns und damit eines möglichen Rückschlags wäre zu groß.

Diese Übungen können Sie auch nicht alleine machen. Es braucht ein Gegenüber, einen Menschen, der wahrnimmt, was Sie tun, und Ihnen widerspiegelt, was er erlebt hat. Dabei ist es entscheidend, dass Ihr Gegenüber es genauso wichtig findet wie Sie, mit Wut in Kontakt zu kommen. Machen Sie diese Übungen also nicht mit jemandem, der diese ganzen Spielchen für Quatsch und dummes Zeug hält. Sonst ernten Sie nur Spott und erhöhen den eigenen Widerstand.

Von Übungen vor dem Spiegel ist dringend abzuraten! Eine bessere Möglichkeit, sich vom Erleben zu distanzieren und die Kontrolle zu verstärken, gibt es nicht. Aber wir wollen ja nicht ein Mehr an Kontrolle, sondern ein Weniger, wollen ein Erleben und kein Drüber-Nachdenken. Deshalb sind alle Spiegel-Übungen tabu. (In meiner Schauspielschule gab es ein regelrechtes Spiegelverbot. Sehr sinnvoll, wie sich herausstellte. Wir konnten sofort erkennen, wenn ein Studienkollege das Verbot übergangen hatte und der Versuchung, sich selbst zu kontrollieren, bei seinen Hausaufgaben erlegen war. Selten waren die Ergebnisse selbstverliebter und aufgesetzter, wirkten einfach wie schlechtes Theater.) Tatsächlich haben diese Übungen etwas von Schauspiel, deswegen werden wir uns hier hin und wieder auch mit ein paar Schauspielregeln beschäftigen.

In all diesen Übungen ist das körperliche Ausagieren von Wut auf den Übungsablauf beschränkt. Diese Übungen sollen dazu dienen, mit Ihrer Wut in Kontakt zu kommen, nicht alte persönliche Rachegelüste zu stillen. Vermischen Sie also Ihre aktuelle Situation nicht mit den Zielen dieser Aufgabe. Wenn Sie mit Ihrem Sparringspartner noch ein Hühnchen zu rupfen haben, tun Sie das vorher. Ist das nicht möglich, verzichten Sie zum jetzigen Zeitpunkt auf die Übung und suchen sich einen geeigneteren Partner.

Und schließlich, auch wenn es wie ein Widerspruch klingt: Gehen Sie nur so weit, wie es sich für Sie richtig anfühlt, und vermeiden Sie es, sich zu stark unter Druck zu setzen (oder setzen zu lassen). Denken Sie daran, dass es darum geht, etwas in Fluss zu bringen. Da ist jede Art von Zwang oder Gewalt in Form von übertriebenem Ehrgeiz oder zu starkem Wollen kontraproduktiv. Druck erzeugt Gegendruck, das ist so schlicht wie richtig. Etwas verschließt sich in Ihnen und führt Sie nur noch weiter weg vom Erleben. Das ist das Gegenteil dessen, was wir erreichen wollen. Mit anderen Worten: Nehmen Sie Ihre Widerstände ernst und überfahren Sie sich nicht. Sagen Sie lieber einmal zu oft Stopp und legen die Angelegenheit zunächst beiseite. Oft ist innerlich trotzdem eine Menge angestoßen worden, und beim nächsten Mal geht es ganz leicht.

Gut, das waren jetzt eine Menge Vorbemerkungen, aber jetzt geht es los. Fangen wir mit etwas Einfachem an:

1. Der böse Blick

Sie brauchen für diese Übung: Einen Sparringspartner, zwei Stühle und eine Möglichkeit, zwei Minuten zu stoppen (Eieruhr).

Setzen Sie sich bequem gegenüber und rutschen Sie mit den Stühlen so nah aneinander, dass Ihre Knie sich berühren. Je unangenehmer und enger sich das Setting anfühlt, desto besser. Stellen Sie die Eieruhr auf zwei Minuten und schauen Sie sich in dieser Zeit so böse wie möglich direkt in die Augen. Weichen Sie mit dem Blick nicht aus und spüren Sie Ihren Atem.

Sie kommen sich albern vor? Fühlen sich gerade kein bisschen böse?

Wissen nicht genau, wo Sie das Gefühl herholen sollen? Willkommen im Club! Was meinen Sie, wie es Schauspielern geht, die einen König spielen sollen, wenn sie sich ganz klein fühlen?

Folgende Schauspielregel könnte Ihnen helfen: »If you don't feel it, fake it!« Behaupten Sie einfach, dass Sie eine Stinkwut auf den anderen haben. Wenn Sie dabei Ihrem Atem folgen, kann es sein, dass sich das wahre Gefühl einstellt. Und damit hätten Sie eine zentrale Regel im Schauspiel für sich entdeckt. Schauspieler ahmen nach. Sie geben sich zum Beispiel innerlich einen Befehl: »Ich bin jetzt ein König und fühle mich königlich«, und folgen den Impulsen, die sich daraufhin in ihrem Körper bemerkbar machen. Wenn unser Körper, also unser Instrument, fein genug gestimmt ist, dann bauen wir keinen inneren Widerstand gegen diesen Impuls auf, sondern wir vertrauen und folgen ihm. Und dadurch verändern wir uns in Haltung, Stimme und Gestik – für alle sichtbar. Es klingt komplizierter, als es ist. Im Grunde tun wir nichts anderes als Kinder, die spielen. Sie glauben, dass es zu schwer ist, seine Wut nur übers Behaupten, übers Nachahmen zu spüren? Erinnern Sie sich daran, dass Sie hochkomplexe Kulturtechniken wie Sprechen auch nur durch Nachahmung gelernt haben. Und da waren Sie höchstens drei Jahre alt.

Es kann auch sein, dass Sie lachen müssen, das ist in Ordnung. Atmen Sie tief durch und setzen Sie die Übung fort. Vielleicht haben Sie einen Lieblingsfeind? Einen Menschen, der Ihren Puls schon beschleunigt, wenn Sie nur an ihn denken? Wunderbar. Das ist ein echtes Geschenk, eine wahre Goldgrube. Versuchen Sie, diesen Menschen auf Ihr Gegenüber zu projizieren. Nehmen Sie an, Ihr Lieblingsfeind sitzt Ihnen gegenüber. Was für eine Gelegenheit!

Oder fokussieren Sie sich, indem Sie alle möglichen bösen Gedanken innerlich laut aussprechen: »Was guckst du denn so blöd? – Ich hau dir gleich eins in die Fresse. – Ich mach dich fertig, du mieses Schwein. – Meinst du, du kannst mich beeindrucken?« Schauspieler nennen es »den inneren Monolog aktivieren«. Ihrer Fantasie sind keine Grenzen gesetzt, Sie haben die Erlaubnis, sich alles vorzustellen, was Ihnen in den Sinn kommt. Je mehr Freude Sie an völlig niveaulosen miesen Gedanken entwickeln, desto besser. Denken Sie daran: Das sind Ihre Gedanken, die gehen niemanden etwas an. (Und diese Gedanken sind auch nicht zum Austausch mit Ihrem Sparringspartner gedacht!) Sollte weder der Lieblingsfeind noch der innere Monolog funktionieren, konzentrieren Sie sich auf einen aggressiven, feindseligen Gesichtsausdruck.

Achten Sie während der Übung darauf, dass Sie den Atem nicht anhalten, sondern frei fließen lassen. Das verhindert, dass Sie »absterben« und die Übung nur noch mechanisch betreiben. Immer wenn Sie das Gefühl haben, dass Sie starr werden, verändern Sie Ihre Haltung auf dem Stuhl.

Nach dem Ende der Übung rücken Sie mit den Stühlen wieder in einen entspannten Abstand und geben sich gegenseitig Feedback: Wie haben Sie sich während der Übung gefühlt? Wie haben Sie aufeinander gewirkt? War der böse Blick des anderen glaubhaft oder aufgesetzt? Oder fehlte er völlig? Gab es eine Entwicklung? Haben Sie stattdessen etwas anderes wahrgenommen? Und wenn, was war es? Traurigkeit? Abwesenheit? Langeweile? Wie war der Blick? Direkt? Konkret? Oder eher diffus, wie durch eine Milchglasscheibe?

Machen Sie keine Geschenke und seien Sie ehrlich zueinander. Beherzigen Sie die alte Feedback-Regel: Erwähnen Sie erst etwas, was gut war, und kommen Sie dann zu dem, was nicht so gut war. Geschenke in Form von Verharmlosung (»Ach, sooo schlecht war das doch gar nicht«) sorgen in diesem Kontext eher dafür, dass der andere geschwächt wird. Meist haben wir ein gutes Gespür dafür, wenn wir nicht in unserer Kraft waren, und fühlen uns anschließend unwohl. Wenn wir dann in guter Absicht ein verharmlosendes Feedback bekommen, verstärkt sich das Unwohlsein (»Die traut mir auch nichts zu«). Letzten Endes sorgen so die gut gemeinten, schonend geäußerten Rückmeldungen dafür, dass Sie in Ihrer Entwicklung nicht weiterkommen. Ein offenes, ehrliches Feedback ist vielleicht riskant, aber auch ein großes Geschenk. Es appelliert an Ihre Stärke und nicht an Ihre Schwäche.

2. Geh mir aus dem Weg!
Für diese Übung brauchen Sie mindestens zwei Sparringspartner, besser drei oder vier. Außerdem brauchen Sie eine freie Aktionsfläche von mindestens zehn Quadratmetern zum Austoben.

Bitten Sie Ihre Sparringspartner, sich in einer Reihe hintereinander aufzustellen, und konzentrieren Sie sich auf Ihren ersten »Gegner«. Fassen Sie ihn mit beiden Händen an den Schultern, schauen

Sie ihn direkt an und sagen Sie laut zu ihm: »Geh mir aus dem Weg!« Dann schieben Sie ihn zur Seite. Holen Sie danach Luft und dadurch neue Kraft für den Nächsten und wiederholen Sie die Übung, bis Sie alle der Reihe nach zur Seite weggeschubst haben.

Auch hier ist nach jeder Übung ausführliches Feedback gefragt. Ihr Gegenüber, das sich zur Verfügung gestellt und sich passiv (!) verhalten hat, sollte Ihnen folgende Fragen beantworten: Was war glaubhaft, was nicht? Hat der Gesichtsausdruck gestimmt? Die Stimme? (Tonhöhe? Lautstärke? Dynamik?) Wie entschieden war die körperliche Aktion (das Beiseiteschubsen)? Und wurde die Handlung im Verlauf der Übung bei den nächsten Partnern klarer, entschiedener oder schwächer?

Beispiel:

Wiebke M., Teilnehmerin in meinem Seminar »Böse Mädchen kommen in die Chefetage«, möchte mehr in Kontakt mit ihrer Wut kommen und stellt sich der Übung. Jemanden physisch, ganz konkret auf die Seite zu schieben, und sei es nur die freundliche Seminarkollegin, kommt ihr ungeheuerlich vor. Ihr erster Versuch scheitert kläglich: Ihre Stimme wird klein und piepsig und rutscht um mindestens eine Oktave nach oben. Ihre anfangs empfundene Wut ist überhaupt nicht sichtbar und wird noch durch ein automatisch aufgesetztes, ihr völlig unbewusstes Lächeln konterkariert. Die Rückmeldung der anderen Teilnehmerin ist klar: »Das glaube ich dir nicht!«

Wiebke ist verblüfft: Dass sie automatisch lächeln muss, hat sie gar nicht mitgekriegt, und dass sie so unglaubwürdig rüberkommt, kränkt sie fast. Sie wiederholt die Übung. Nach zwei weiteren Versuchen wird die Stimme kräftiger, aber die Energie ist immer noch gedeckelt, wie zurückgehalten. Fast will sie aufgeben. Aber jetzt einfach so an ihren Platz zurückkehren, noch dazu mit dem Gefühl, versagt zu haben – nein, das geht nun doch nicht. Wiebke nimmt ihren ganzen Mut zusammen, holt tief Luft und schubst die Seminarkolleginnen mit aller Kraft beiseite. Ihre Stimme, ihre Mimik und ihre Haltung lassen keinen Zweifel zu. Jetzt meint sie das, was sie sagt: »Geh mir aus dem Weg!« Die Gruppe applaudiert spontan aus Freude, ihren Sieg über sich selbst mitzuerleben. Wiebke ist stolz und erleichtert, die Aufgabe gemeistert zu haben, und gleichzeitig ein bisschen verwirrt, fast traurig.

Das erlebe ich sehr häufig in meinen Seminaren: Direkt angeschlossen an die Aggression ist die Trauer oder der Schmerz – offensichtlich zusammen abgespeichert nach Niederlagen und verlorenen Machtkämpfen aus der Vergangenheit. Um den historischen Schmerz und die Trauer nicht wieder spüren zu müssen, wird der Kontakt zur eigenen Aggression abgeschnitten. Der Preis war hoch: Im Ernstfall fehlte Wiebke M. bislang jegliche Energie, um sich zu behaupten. Aber das will sie nun ändern. Und sie hat eine Ahnung bekommen, wie das für sie möglich ist.

Diese Übung ist eine kalkulierte Grenzüberschreitung. Jemand anderen in feindlicher Absicht anzufassen und einfach aus dem Weg zu räumen, verletzt ein Tabu, das geht im wirklichen Leben gar nicht. Gerade deshalb ist diese Übung so aufschlussreich: Es wird ein tiefes Verbot berührt (So etwas gehört sich nicht!), und so kommt es fast immer zur Vermeidung. Das ist spannend. Viele Seminarteilnehmerinnen, die diese Übung gemacht haben, fangen zum Beispiel im Moment des Kontakts unkontrolliert und unbewusst an zu lächeln. Oder können dem anderen nicht in die Augen sehen. Es ist wie ein Zwang. Mich als Schauspieler fasziniert dieser Vorgang ungemein: Der Körper ist unfähig zu lügen. Oder, wie es die große Tanzchoreografin Pina Bausch formulierte: »Jede innere Haltung bewegt sich äußerlich sichtbar.« (Vor allem, wenn wir uns unter Druck setzen, möchte ich hinzufügen.)

Wie sieht Ihre Vermeidung aus? Wo weichen Sie diesem unangenehmen und ungehörigen Kontakt aus? Je aufmerksamer Sie diese Übung machen, desto mehr können Sie über sich erfahren: So ticke ich, wenn es brenzlig wird.

Selbstverständlich ist das eine Übung, die Sie nicht eins zu eins in Ihrem Leben einsetzen können. (Und ich rate von spontanen »Aus-dem-Weg-räum-Aktionen«, zum Beispiel in der Kantine, dringend ab, es könnte zu Missverständnissen führen.) Aber es ist eine gute Möglichkeit, in einem geschützten Rahmen eine neue Handlungsoption zu entwickeln, wenn Sie diese Übung wiederholen und jetzt entschiedener an die Sache rangehen.

Wurde auch Ihre Stimme auf einmal piepsig und dünn? Dann könnte es sein, dass Sie unbewusst auf ein altes Kindchenschema zurückgegriffen haben, mit dem Sie zum Beispiel Ihren Vater früher in Millisekunden um den Finger gewickelt haben, indem Sie sich »niedlicher« und kleiner gemacht haben, als Sie waren. Früher war das möglicherweise eine Erfolg versprechende Strategie (Ihr Vater wurde weich und gab nach), heute würde es in einer Konfrontation eher das Gegenteil bewirken. Und das nicht nur bei Ihrem Vater.

Wenn Sie nicht wissen, wovon ich rede, schauen Sie sich kleine Mädchen an, die etwas erreichen wollen. Der Augenaufschlag ist sensationell, und das Stimmchen ist mindestens eine Oktave höher als sonst.

3. Die Arschlochübung
Für diese Übung brauchen Sie einen Partner und einen Stuhl. Vor allem aber brauchen Sie tolerante oder schwerhörige Nachbarn, denn jetzt kann es laut werden.

Stellen Sie sich vor, Ihr Gegenüber hat Ihnen zum Beispiel auf der Arbeit unfassbar geschadet. Die Beweislast ist erdrückend, aber jetzt sitzt dieser Mensch in aller Seelenruhe in Ihrem Büro auf Ihrem Besucherstühlchen, und Sie haben nur ein Ziel: Dieser Mensch muss hier raus, und zwar pronto! Handgreiflich werden ist in dieser Übung verboten (Betriebsrat!), aber Sie dürfen ihn anschreien, so heftig, wie Sie nur können. (Sie sind ja unter sich,

und Ihre Bürowände sind schalldicht.) Ihr Gegenüber hat die Auf-
gabe, erst dann vom Stuhl aufzustehen und »zu gehen«, wenn er
Ihnen Ihre Wut ohne Einschränkung abnimmt. Ansonsten wird er
passiv (!) dasitzen und Ihnen kurz Feedback geben, zu wie viel
Prozent er Ihre Energie, Ihre Wut wahrnimmt und was Sie besser
machen können (zum Beispiel »50 Prozent, Stimme lauter«).

Diese Übung ist eine noch größere Zumutung als die vorher-
gehende, und sie bewirkt wahre Wunder. Ich habe Seminarteilnehmerinnen gesehen, die sich dieser Übung gestellt haben und anschließend völlig beglückt durch die Gegend
gelaufen sind. »Ich habe mich in meinem ganzen Leben noch
nie so stark gefühlt wie jetzt« ist ein Satz, den ich häufig nach
dieser Übung höre. Es ist eine grenzenlose Erleichterung, ein
inneres Hindernis überwunden zu haben. Und die Verbindung, der Kanal zur eigenen Wut ist endlich wieder offen.
Das wirkt wie ein Champagnerbad. Es kommt zu einer heil-
samen Begegnung mit der eigenen Macht.

Und ich kann Ihnen versichern: Auch jeder Schauspieler
kommt hier an seine Grenzen. Geht es doch darum, authentisch zu sein und nicht nur laut. (Obwohl die Lautstärke
hilft.) Im Theater nennt man es »bar bezahlen«. Kreditkarten
werden nicht akzeptiert. Da kommen auch Berufsdarsteller
ins Schwitzen.

Beispiel:
In einem meiner Seminare hat diese Übung, nachdem alle
sie erfolgreich absolviert hatten, eine so tiefe emotionale
Bewegung in Gang gesetzt, dass die gesamte Gruppe circa
15 Minuten still dasaß. Die Stille war nicht feindselig, son-

dern im Gegenteil friedlich und sehr mächtig und hat jeden von uns berührt. Es hat etwas sehr Beglückendes, wenn Menschen an ihre Kraftquellen kommen. Hier war es mit Händen zu greifen.

Die Qualität dieser Übung wird stark davon abhängen, wie sehr Sie bereit sind, etwas zu riskieren, und wie gut die unterstützende, anfeuernde, ermutigende Begleitung Ihres Sparringspartners ist. Natürlich kommt spätestens hier die Wertung des Verstands mit ins Spiel. Ihr Bedürfnis, das Ergebnis zu kontrollieren, wird stark zunehmen. Sei's drum, der Einsatz lohnt sich. Und denken Sie daran: Es ist unmöglich, besser zu werden und gleichzeitig gut auszusehen.[9]

4. Grenzen setzen, ganz entspannt
Nachdem wir in den vorherigen Übungen versucht haben, die Grenzen Ihrer Wutempfindung zu erweitern, wollen wir mit dieser Übung den Transfer in Ihren Alltag erleichtern. Wie ist es möglich, in Kontakt mit Ihrer Aggression zu sein und für Ihre Umgebung kompatibel zu bleiben?
    Für diese Übung benötigen Sie einen Partner und zwei Stühle.
    Suchen Sie sich einen der folgenden Stoppsätze aus:
– Nein, das akzeptiere ich nicht.
– Ich bin nicht Ihrer Meinung.
– Das lasse ich mir nicht länger bieten.
– Ihre Unverschämtheiten habe ich mir jetzt lange genug angehört.
– Stopp. Die Grenze ist eindeutig überschritten.
– Ich lasse es nicht zu, dass Sie so mit mir reden.

Stellen Sie die Stühle in einem Abstand von circa drei Metern auf. Setzen Sie sich so hin, dass Sie einander anschauen können. Verständigen Sie sich, wer in dieser Übung der Handelnde ist und wer der Beobachtende. Als handelnde Person aktivieren Sie Ihre Aggression (zum Beispiel über den Lieblingsfeind), wählen sich einen der oben genannten Stoppsätze aus, stehen auf, gehen zum Beobachter, bauen sich vor ihm auf, sagen den Stoppsatz mit all Ihrer Wut, drehen sich um, gehen zu Ihrem Stuhl zurück und setzen sich. Ende der Übung.

Auch hier ist wieder Feedback gefragt: Ist die Botschaft angekommen? Was war glaubhaft, was nicht? Waren Sie in Kontakt mit Ihrer Wut? Und war es trotzdem kompatibel, das heißt erträglich für Ihre Umgebung? Oder wirkte es vielleicht aufgesetzt, übertrieben, unecht? Dann könnte es sein, dass Sie gegen eine andere zentrale Schauspielregel verstoßen haben: *Gib nie mehr, als du hast.* Es klingt naheliegend, wird aber ganz oft (auch von Schauspielern) missachtet: Wir wollen mehr Emotion zeigen (spielen), als wir im aktuellen Augenblick zur Verfügung haben. Die Folge: Es wirkt »overacted«, übertrieben gespielt und ist deshalb nicht glaubhaft. Ein echter Profi wird in diesem Sinne nie an seine Leistungsgrenze gehen, sondern immer 5 bis 10 Prozent drunter bleiben. Damit schafft er die Illusion, noch unermesslich viel weiter gehen zu können. Und wirkt entspannt und locker auch in der emotionalen Bewegung.

5. Die Machtübung

Für diese Übung brauchen Sie einen Partner, zwei Stühle und eine Gebrauchsanweisung eines x-beliebigen technischen Geräts (auf Deutsch!).

Setzen Sie sich auf den beiden Stühlen einander gegenüber. Stellen Sie sich vor, Sie sind die Chefin und Ihr Sparringspartner ist Ihr Mitarbeiter. Lesen Sie ihm die Bedienungsanleitung so vor, dass er den Text als Machtbotschaft empfindet und unmissverständlich klar wird: Sie sind der Boss.[10] (Komplizierte technische Wörter lassen Sie einfach weg.)

Wie wirkt das Gesprochene auf Ihren Sparringspartner? Der Text handelt natürlich von etwas ganz anderem. Wird trotzdem deutlich, dass Sie das Sagen haben? Auch hier ist offenes Feedback gefragt: Ist es glaubhaft »bossig«? Oder eher lächerlich? Ausreichend aggressiv oder belanglos? Wahrscheinlich brauchen Sie mehrere Durchgänge, bis Sie den gewünschten Effekt erzielt haben. Wie können Sie jemanden von Ihrer Dominanz überzeugen, wenn der Text, den Sie zur Verfügung haben, rein technischer Natur ist?

Eine einfache Übung, die deutlich macht: Es geht nicht um die Worte. Nie. Es geht immer darum, *wie* etwas gesagt wird. Was dabei hilft: Machen Sie Pausen, quälende lange Pausen. Und suchen Sie den Blickkontakt. Werden Sie penetrant und arrogant. Wenn Ihnen Ihr Gegenüber signalisiert: »Jetzt wird es unangenehm«, obwohl Sie ihm nur die Funktionsweise des Dampfbügeleisens vorlesen, dann haben Sie das Ziel erreicht. Wahrscheinlich werden Sie gar nicht viel Text »schaffen«. Aber darum geht es ja auch nicht. Sondern um eine klare Demonstration von Dominanz und Macht.

Die Feedbackrunden sollten einen großen Raum in allen fünf Übungen einnehmen. Es ist eine ausgezeichnete Gelegenheit, auf unsicherem Gebiet zu wachsen. Ausführliches Kritisieren ist, wie ich erstaunt feststellen musste, nicht in allen Lebens- und Arbeitsbereichen gleich beliebt und geachtet. Viele Menschen denken, wenn sie kritisiert werden, dass sie etwas falsch gemacht haben, und fühlen sich schlecht deswegen.

Schauspieler sehen Kritik ganz anders: als ein wertvolles Werkzeug, um besser zu werden. Bei den Endproben im Theater zum Beispiel gibt es nach jedem Durchlauf eines neuen Theaterstücks eine ausführliche Kritik. Das ist ein fester Bestandteil der Proben und dauert unter Umständen länger als der Durchlauf selbst. Und wenn Sie als Regisseur einen Schauspieler traurig machen wollen, dann müssen Sie ihn nur bei der Kritik übergehen. »Bei dir ist alles gut so.« Er wird in den meisten Fällen nach Hause gehen und denken, dass die Probe verloren für ihn war, weil er kein Feedback bekommen hat. Kritisieren, Feedback geben wird hier in einem ganz anderen Zusammenhang erlebt: als Futter, als Geschenk, als Möglichkeit zu wachsen. Ich halte viele Regeln und Gebräuche in der Schauspielerbranche für nicht erstrebenswert. Dieser Brauch sollte aber auch in anderen Berufen und Lebensbereichen Schule machen.

Diese Kritikfähigkeit kommt nicht etwa daher, dass Schauspieler bessere Menschen sind, Gott bewahre. Sie entsteht aus dem Bewusstsein, dass etwas Neues erschaffen wird, das im Zustand der Proben qua definitionem noch nicht fertig sein kann. Der Fokus liegt also eindeutig auf dem Prozess des Sich-Entwickelns und nicht auf dem des Fehlervermeidens. Oftmals sind »Niederlagen« in Proben die besten Wegweiser zum Erfolg.

Wenn Sie die fünf Übungen mit viel Herzblut und dem Mut zu springen gemacht haben, wird es mindestens eine Situation gegeben haben, in der Sie sich lächerlich gefühlt haben, vermeintlich oder tatsächlich nicht gut ausgesehen haben. Trösten Sie sich. So geht es guten Schauspielern, eigentlich jedem wirklichen Künstler in jedem neuen Projekt immer wieder.

Gibt es einen Anteil in Ihnen, der sich dafür schämt? Ja, das ist möglich. Machen Sie sich bewusst: Scham ist ein Instrument der Kontrolle.[11]

Es ist unmöglich, zu einem neuen Ergebnis zu gelangen, wenn Sie bei Ihren alten Verhaltensweisen bleiben. Je größer Ihre Bereitschaft ist, sich selbst infrage zu stellen (das schließt die Möglichkeit des Scheiterns mit ein), desto größer die Chance auf ein besseres Resultat.

Streiten, aber richtig!
Zu tragfähigen Lösungen kommen

Gutes Streiten ist wie das Fenster weit zu öffnen und zu lüften. Frischluft tut unbestreitbar gut, auch wenn viele Angst vor Zugluft und Kälte haben. Und ähnlich wie mit Frischluft haben viele Menschen auch Probleme mit Auseinandersetzungen. Sie betrachten die Beherrschung des Ärgers, aber nicht seine Äußerung als erstrebenswert. Sie verbinden Streiten gedanklich mit einer Art Unfall, sehen im offenen Konflikt einen unangenehmen Zusammenstoß, bei dem es nur einen Sieger geben kann. Entweder haben sie im Verlauf der Auseinandersetzung den anderen besiegt oder sie sind besiegt worden. Dabei wird außer Acht gelassen, dass die Erscheinungsformen »Sieger« und »Besiegter« beide im Grunde pervertierte Formen der Auseinandersetzung sind, die keine Lösung schaffen. Menschen mit einem hohen Schäfchen-Faktor, die stark gehemmt im Umgang mit Aggression sind, werden erklärlicherweise öfter den Kürzeren ziehen, weshalb sie die Variante »Besiegter« wahrscheinlich häufiger erleben werden.

»Ich mach dich platt« oder »Hilfe, ich werde plattgemacht«. Bei einer Auseinandersetzung in diesen Kategorien zu denken hat eine lange Tradition. Unser Stammhirn, unser ältester Hirnbereich, den wir übrigens mit den Reptilien gemeinsam haben, kennt in Gefahrensituationen nur die beiden Reaktionsmuster Flucht und Angriff. Physiologisch ist eindeutig geklärt, was in unserem Körper bei Gefahr abläuft: Unsere Blutgefäße verengen sich und versorgen zum Beispiel das Gehirn deutlich weniger mit Sauerstoff als in Phasen der Entspannung. Dafür werden unsere Arme und Beine stärker mit Blut versorgt. Warum ist das so? Es erklärt sich aus unserer Entwicklung: In der Steinzeit brauchten wir die Beine für eine schnelle Flucht und die Arme für einen möglichen Angriff. Denken betrachtete der Körper als Luxus, den er sich in so einer Gefahrensituation nicht leisten wollte. Unglücklicherweise hat sich an diesem Reaktionsschema in Millionen von Jahren nichts geändert. Das ist der schlichte Grund, warum wir in einer Konfliktsituation von unseren Emotionen überschwemmt werden und es am nötigen Überblick, der durch Denken und Reflektieren entstehen könnte, fehlt. Alles eine Frage der Durchblutung, auch und gerade bei unseren Schäfchen.

Die Empfindung »Hilfe, ich werde plattgemacht« löst Ohnmachtsgefühle aus, die zu unterschiedlichen Verhaltensweisen führen können. Sie mögen verschieden aussehen, entspringen aber alle derselben Quelle. Hier sind paar typische Schäfchen-Muster:

Die *Flucht*, also das »sich verpissen«, wenn's brenzlig wird, wäre instinktiv die naheliegendste Verhaltensweise, weil sie die Angst am schnellsten abbaut. Nur ist sie in vielen Fällen rein praktisch nicht möglich. »Da ist ja dieser blöde Zaun.«

Der *Totstellreflex* ist der etwas unbeholfene Versuch, den Angriff heil zu überstehen, das heißt schlicht zu überleben. Starr im Körper werden und den Atem anhalten. Auch hier ist aufgrund mangelnder Durchblutung das Denken stark eingeschränkt, vielfach auf »Wie-Fragen« beschränkt, die in endlosen Gedankenschleifen auch noch die letzten Ressourcen des Gehirns blockieren. Diese Wie-Fragen kennen Sie alle: »Wie kannst du nur so gemein sein? / ... so etwas tun? / ... so lügen? / ... so dreist sein / ... mich so verletzen?«

Die Empörung über das Verhalten des anderen und die Blutleere im Gehirn können zu Sprachlosigkeit führen, dem berühmten Blackout. Ihnen fällt partout nichts ein, was Sie entgegnen könnten. Es ist eine Art Schock. Sie sitzen wie das Kaninchen vor der Schlange und können sich nicht rühren, geschweige denn verteidigen.

Der Totstellreflex tritt in verschiedenen Varianten auf, zum Beispiel als absichtliches *beleidigtes Verstummen* (»Ich spiel nicht mehr mit«), als das naive *Sich-dumm-Stellen* (»Ich versteh gar nicht, was du von mir willst«) oder das stoische *Vor-sich-hin-Brüten* (»Es ist niemand zu Hause«). Im Endeffekt sind das alles Formen passiver Aggression, die zum Abbruch jeglicher Kommunikation führen.

Unser Schäfchen will einfach nicht mehr mitspielen – und stellt jede Gegenwehr ein. Ein potenzieller Angreifer wird, entsprechende Wut vorausgesetzt, möglicherweise noch mehr gereizt, weil er sich für dumm verkauft fühlt. »Verstehst du überhaupt, was ich dir sagen will, du blödes Schaf?« Dazu kommt: Wer sprachlos ist, kann auch nicht Stopp sagen. So kann es passieren, dass der Angreifer maßlos wird, weil ihm niemand Einhalt bietet. Er kann die Grenze schlicht nicht erkennen. Stattdessen empfängt er die unausgesprochene Botschaft: »Mit der kann ich es ja machen, die lässt sich alles gefallen.«

Die *Kapitulation* als dritte Form der Ohnmacht ist weitverbreitet. Darunter verstehe ich im Alltag das komplette Übernehmen der Position des Gegenübers. Die gesammelte Schuld wird bereitwillig übernommen, sogar eine Entschuldigung wird formuliert. Die meist völlig unangebrachte, weil unverhältnismäßige Unterwerfung hat nur ein Ziel: Den Angriff zu stoppen und sich aus der Gefahrenzone zu bringen. Die konsequenteste Anwendung der Kapitulation ist als Stockholm-Syndrom bekannt geworden: Geiseln sympathisieren mit ihren Entführern, übernehmen freiwillig (!) und unaufgefordert die moralische Position der Geiselnehmer, erleben deren Handlungen als freundlich und unterstützend und sind ihren Kidnappern auch noch dankbar. »Danke, dass ich trotz Handschellen aufs Klo darf.«

So wird aus einem angeschossenen Schäfchen ein dankbares Schäfchen. Männer lieben solche Reaktionen.

Eine andere Spielart, wie sich Ohnmacht in einem Streit auswirken kann, ist das *Nörgeln* oder *Quengeln*. Ein Mensch,

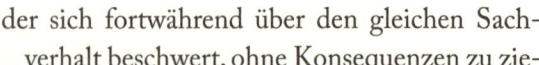

der sich fortwährend über den gleichen Sach-
verhalt beschwert, ohne Konsequenzen zu ziehen, hat auf eine Art Autopilot geschaltet.
Sowohl der Sprecher als auch der Ange-
sprochene kennen durch endlose Wieder-
holung den Inhalt des Gesagten. Das Ergebnis ist irrelevant, langweilig, und die
Ohren sind auf Durchzug geschaltet. »Ich
hab dir doch schon hundert Mal gesagt, du
sollst die Schuhe ausziehen!«

Rudolf Dreikurs hat in seinem Klassiker
Kinder fordern uns heraus einen schönen Be-
griff dafür gefunden: »Muttertaubheit.« Mütter bringen ihren
Kindern durch ihre Handlungen und nicht durch das Gesagte
(!) den Unterschied zwischen wichtig und nicht wichtig bei:
Wichtige Regelverstöße ziehen Konsequenzen nach sich, un-
wichtige nur heiße Luft. Und damit machen die Mütter ihre
Kinder taub.

Frei nach Dreikurs ist ein Nörgler in diesem Zusammenhang ein Mensch, der sich nicht traut, Konsequenzen zu ziehen. Er lamentiert, ist aber nicht bereit, die Komfortzone zu
verlassen und konsequent zu werden, und macht somit sein
Gegenüber taub. Wichtig dabei ist, dass ein Nörgler wie ab-
gekoppelt von seiner Umgebung wirkt. Dieses Nicht-im-
Kontakt-mit-dem-anderen-Sein, dieser »situative Autismus«
verstärkt die Ohnmacht des nörgelnden Schäfchens.

Das Einzige, was wir zu fürchten haben,
ist unsere eigene Angst.
Franklin D. Roosevelt

Auch die Empfindung »Ich mach dich platt« kennt verschiedene Erscheinungsformen, die im Kern auf derselben inneren Haltung beruhen:

Vernichtung ist der Versuch, den anderen unschädlich zu machen, sei es mit einem Wutausbruch, eiskalten leisen Worten oder dominierender Körpersprache. Es geht nicht um Informationen, sondern um eine Demonstration von Macht. »Ich bin Herr über Leben und Tod.«

Einen *Tumult verursachen* ist im Grunde ein Ablenkungsmanöver: Man inszeniert ein Drama und beschwert sich lauthals, um die eigentliche Situation, die einem vielleicht unangenehm ist, zu vertuschen. Empörung als Nebelmaschine. Funktioniert meistens prima.

Verachtung stellt einen gefrorenen Vernichtungswunsch dar. Wenn Wut eine hellrote Farbe hat (so wie die tiefste Glut in einem Lagerfeuer), dann ist Verachtung, um im Bild zu bleiben, erkaltete Wut. »Mit dir bin ich fertig. Du bist es nicht wert, dass ich dich ansehe und auch nur noch ein Wort an dich verschwende.«

All diesen pervertierten Formen der Auseinandersetzung ist eines gemeinsam: Es findet keine wirkliche Kommunikation statt. Denn das Erleben sowohl von »Ohnmacht« als auch von »Vernichtung« blendet die Intuition der Beteiligten aus. Unter Druck funktioniert sie bekanntlich nicht. Wirklich konstruktive Ergebnisse sind selten. Ein Unfall eben.

Barbara Berckhan hat es in ihrem sehr lesenswerten Buch *Judo mit Worten* anschaulich beschrieben, wie ein Streit so abläuft: Am Beginn fangen beide Beteiligten an, auf eine Meinung mit einer Gegenmeinung zu reagieren. Damit landen beide, auch wenn sie vorher inhaltlich gar nicht so weit auseinanderlagen, in unterschiedlichen Meinungsecken.

Für das schnelle Hochkochen eines Streits ist es jetzt hilfreich, wenn das Gegenüber den eigenen heiligen Standpunkt infrage stellt. Dann findet fast zwangsläufig ein Reflex statt: Wir verteidigen unsere Meinung etwas stärker als vorher, machen also mehr von dem, was nicht funktioniert. Jede Seite drückt ihren Standpunkt immer drastischer und unnachgiebiger aus, der Austausch von Meinungen polarisiert sich, die Fronten verhärten sich, für alle wird die Debatte zum Ärgernis, die Beziehungsebene ist vergiftet.

Der zunehmende Kraftaufwand, mit dem Sie Ihren Standpunkt verteidigt haben, führt dazu, dass sich die Gegenseite auf keinen Fall mehr überzeugen lassen will, weil sie sich verpflichtet fühlt, ihren Standpunkt genauso vehement zu verteidigen. Das gilt natürlich andersherum ebenso. Die Polarisation führt in einer Art Sog dazu, recht haben zu wollen. Warum ist das so?

Weil wir uns mit unseren Meinungen und Standpunkten identifizieren. Nicht bewusst, aber dafür sehr wirksam, läuft in uns ein standardisierter Reflex ab: »Ich bin meine Meinung. Wer meine Meinung angreift, greift mich an. Wer mir sagt, meine Meinung sei falsch, sagt damit gleichzeitig, dass ich falsch bin.«

Also identifizieren wir uns mit unserer Meinung, fühlen einen heiligen Standpunkt bedroht, durch den vermehrten Kraftaufwand entsteht Polarisation, die extremere Haltung ruft Groll hervor, und die Beziehungsebene wird vergiftet. Hier haben Sie das perfekte Rezept für einen heftigen, nicht effektiven Streit. Wenn jetzt noch die beschriebenen Reaktionsmuster Flucht oder Angriff dazukommen, müssen wir uns wundern, wie Menschen bei Differenzen überhaupt noch zu tragfähigen Lösungen kommen.

Sobald es Ihnen gelingt, sich nicht mehr mit Ihrem Standpunkt zu identifizieren, sondern als unabhängig davon zu sehen, kann sich die Situation ganz anders entwickeln. Dann haben Sie eine Meinung, aber die Meinung hat nicht Sie. Die existenzielle Bedrohung fällt schlagartig weg, und damit ist den beschriebenen Reaktionsmustern Flucht und Angriff die Grundlage entzogen.

Dazu sind nach Berckhan zwei Dinge nötig:

1. Es muss Ihnen auffallen. Solange Sie sich über diesen Punkt nicht bewusst sind, reagieren Sie wie der Duracell-Hase auf Autopilot.
2. Es ist wichtig, auf das Recht-haben-Wollen zu verzichten. Zugegeben eine große Hürde. Aber wenn Sie darauf beharren, recht zu haben, setzen Sie den anderen automatisch ins Unrecht, sagen zu ihm: »Du hast nicht recht.« Dagegen wird er sich unweigerlich wehren.

Etwas Wahres muss nicht verteidigt werden.
Etwas Falsches auch nicht.[12]
Bert Hellinger

Warum Sie sich bewegen sollen und nicht der andere? Barbara Berckhan hat eine geniale Begründung dafür gefunden: Weil Sie das hier lesen und nicht der andere.

Aber kommen wir zurück zum konstruktiven Streiten: Wenn Sie diese beiden Schritte innerlich vollzogen haben, haben Sie die Energiebalance wiederhergestellt, die die Ausgangslage für jede effektive Kommunikation ist. Anders ausgedrückt: Sie streiten auf Augenhöhe. Streiten in diesem

Sinne meint, dass Sie klar und unmissverständlich Stellung beziehen, in Respekt zu Ihrem eigenen Standpunkt und zu dem des anderen. Weder Ohnmacht noch Vernichtung sind nötig, weil Sie etwas Entscheidendes anders machen: Sie halten eine mögliche Differenz zwischen Ihnen und Ihrem Gegenüber aus, ohne sie durch »plattmachen« oder »einknicken« zu nivellieren, und Sie bleiben im Kontakt mit dem anderen. Dazu gehört Mut; wir fühlen uns unbehaglich, wenn wir so klare Differenzen spüren, und wollen dieses Unbehagen loswerden. Weil wir es einfach nicht gewohnt sind, einen Dissens zu spüren und gleichzeitig den emotionalen Kontakt zu unserem Gegenüber aufrechtzuerhalten.

In dem Augenblick entsteht ein Vakuum, ein Leerraum, es sieht so aus wie Stillstand. Jetzt nur nicht die Nerven verlieren! Wenn tatsächlich (und nicht nur vorgeschoben) Respekt im Raum ist, wird eine neue, vorher nicht denkbare Lösung entstehen können.

Beispiel:

Fritzi T., eine Anleiterin in einer Qualifizierungsgesellschaft, betreut zusammen mit einer Kollegin eine Gruppe arbeitsloser Jugendlicher. Mit dieser Kollegin hat sie einen gewaltigen langjährigen Konflikt. Da immer einer in der Gruppe präsent sein muss, können sie nicht zur gleichen Zeit ihren Urlaub nehmen. Sie sind also darauf angewiesen, sich abzusprechen, was ihre Kollegin permanent ignoriert. Die bucht einfach den Urlaub, den sie haben will, und stellt ihre Kollegin so immer wieder vor vollendete Tatsachen. In den zwangsläufig darauf folgenden Krächen zieht Fritzi T. regelmäßig den Kürzeren, nach dem Motto: »Was kann ich schon

ausrichten? Einer muss sich doch für die Jugendlichen verantwortlich fühlen. Wenn ich es nicht mache, wer dann?«
(Ihr heiliger Standpunkt ist gefährdet.)

Im Seminar ermuntere ich sie dazu, die Situation noch einmal durchzuspielen. Eine andere Seminarteilnehmerin schlüpft in die Rolle der sturen Kollegin, und obwohl sich Fritzi T. vorher mental vorbereitet hat, kommt sie schon nach wenigen Minuten in dieselbe Zwickmühle. Die Stellvertreterin der sturen Kollegin macht ihre Sache gut: Einfach nicht zuzuhören, gebetsmühlenartig ihren Standpunkt zu wiederholen (»Ich hab aber schon gebucht«) und auch körpersprachlich zu signalisieren: »Der Drops ist gelutscht.« Fritzi T. kommt erwartungsgemäß an ihre Grenzen. Ihre Stimme wird piepsig und sie zittert am ganzen Körper. Man kann es richtig sehen, wie sie von einem tief greifenden Ohnmachtsgefühl geflutet wird. Offensichtlich steckt sie in der Falle. Es ist quälend, ihrer Hilflosigkeit zuzuschauen, und sie will das Rollenspiel abbrechen. Mit diesem schrecklichen Gefühl möchte sie nichts zu tun haben. Dann verzichtet sie lieber auf den gewünschten Urlaubstermin. Ich greife ein und fordere sie auf, dranzubleiben, das heißt ihre Ohnmacht anwesend sein zu lassen, ohne etwas daran ändern zu wollen, und im Kontakt mit der Kollegin zu bleiben. Nach einigen Minuten, in denen es ganz still im Seminarraum wird, geschieht etwas Erstaunliches: Das Zittern hört auf, und Fritzi T. sagt mit einer völlig veränderten Stimme zu ihrer Kollegin: »Du hast alles Recht der Welt, deinen Urlaub zu buchen. Und du wirst mich nicht daran hindern können, meine Reise zu buchen. Wenn wir uns nicht abstimmen, muss eben unser Chef entscheiden, wer fahren darf. Ich werde in diesem Gespräch aber auch darauf hinweisen, dass es bisher nur nach deiner Nase ging.« Zum ersten Mal in diesem Rollenspiel zeigt die Kollegin leise Zeichen von Unsicherheit. »Okay, dann sehen wir uns beim Chef wieder.« Das Rollenspiel ist zu Ende.

Im Nachgespräch versuchen wir zu ergründen: Wer oder was hat sie so ohnmächtig gemacht? Die Seminarteilnehmerin? Fritzi T. schüttelt den Kopf. Die ursprüngliche und nur vorgestellte sture Kollegin? Sie muss unwillkürlich lachen: Das ist eindeutig zu viel der Ehre für eine blöde Kuh, die nicht mal anwesend ist. »Die Ohnmacht war in mir, sie kam aus mir raus! Der Gedanke, dass die Jugendlichen ohne Betreuung sind, das hat mich gelähmt.« Und was war jetzt anders? »An der Stelle bin ich sonst immer eingeknickt. Ich hab diese Pattsituation nicht ertragen. Aber jetzt konnte ich ihr ruhig in die Augen schauen und bei mir bleiben. Das hat's wohl gebracht.«

Jetzt werden Sie vielleicht denken: »Na ja, keine große Sache, den Chef entscheiden zu lassen, da hätte sie auch schon vorher draufkommen können.« Ja, das stimmt. Aber für Fritzi T. lag es gänzlich außerhalb ihrer Möglichkeiten. Eben weil sie sich für die Jugendlichen so verantwortlich fühlte und diese Diskrepanz zwischen sich und der Kollegin bisher nicht ausgehalten hatte. (Wofür es möglicherweise Gründe in ihrer Vergangenheit gibt.)

Für mich liegt der Schlüssel zu dieser Szene im Anwesendbleiben von Fritzi T. Vollständig anwesend zu sein, oder anders ausgedrückt vollkommene Gegenwart in einem Streit, bringt häufig für die Beteiligten überraschende Lösungen. Die eigenen Gefühle und Gedanken haben einen nicht mehr im Griff, sondern wir können sie anschauen und ganz präsent im Moment sein. Ich habe solche Situationen zuerst per Zufall in meinen Seminaren erlebt und dann, als ich dessen gewahr wurde, in den Rollenspielen bewusst darauf zugesteuert. Das Ergebnis ist jedes Mal ermutigend. Es entstehen Lösungen für Konflikte, die ich mir auch als Trainer nicht hätte ausdenken können. Denn in dieser Gestimmtheit wird Kreativität möglich, die vorher verhindert wurde. Ein entspanntes, emotional nicht verstricktes Streiten auf Augenhöhe kann Wunder bewirken.

Das können Sie tun:

1. Streiten Sie auf Augenhöhe, das heißt achten Sie auf die Energiebalance.
Sowohl Ohnmacht als auch Allmacht verhindern einen Austausch.

2. Bleiben Sie im Kontakt mit Ihrem Gegenüber, achten Sie also auf seine Reaktionen. (»Ist noch jemand zu Hause?«)
Falls die Reaktionen Ihnen nicht angemessen erscheinen, fragen Sie nach.

3. Vermeiden Sie rhetorische Fragen, also Fragen, deren Antwort Sie für alle wahrnehmbar bereits kennen.
Stellen Sie nur Fragen, deren Antworten Sie wirklich wissen wollen. Ansonsten beleidigen Sie die Intuition Ihres Gegenübers. (Energiebalance!)

4. Sprechen Sie davon, was passiert ist (harte Fakten) und was Sie empfinden (Ihre Gefühle).
»Du bist jetzt zum dritten Mal zu spät gekommen. Dein Verhalten ärgert und verletzt mich.« Vermeiden Sie, den anderen abzuqualifizieren: »Du bist so unfähig und undiszipliniert, das kotzt mich an.« Wenn Sie es schaffen, die negative Bewertung wegzulassen, hält es den Kontakt aufrecht und es bleibt Raum für Respekt.

5. Vermeiden Sie jedes »kolonialisieren«, also alle Sätze, die mit »Wir sollten/wir müssen« anfangen.
Die ungefragte Vereinnahmung des anderen führt automatisch zu Widerstand, besonders im Streit.

6. Genießen Sie den Streit wie eine Art Tanz.
Je flexibler Sie in den Hüften bleiben, desto größer der Genuss. Und ein bewegliches Ziel ist schwerer zu treffen. Sie sind nicht Ihre Meinung. Wenn Sie, um im Bild zu bleiben, in den Hüften steif werden, können Sie sicher sein, dass einer Ihrer Glaubenssätze bedroht ist. Kriegen Sie es mit und atmen Sie. Verstärken Sie den Kontakt zum Gegenüber. Überraschen Sie ihn und sich mit etwas völlig Verrücktem. Lächeln Sie und entspannen Sie sich.

7. Wenn ein Streit destruktiv wird: Hören Sie auf damit.
Gönnen Sie sich und dem anderen eine Atempause. Denken Sie daran: Eine unglückliche Reise kann kein glückliches Ende nehmen.

**8. Ertragen Sie eine Meinungsdifferenz
mit Ihrem Gegenüber.**

Mein Lieblingssatz dazu ist: »Das werden wir beide aushalten.« Diese Verschiedenheit zu erleben und nicht nivellieren zu wollen ist die wichtigste Voraussetzung für einen guten Streit. Machen Sie sich bewusst: Das Fehlen oder Ausblenden von Konflikten stellt eine emotionale Distanz her, die eine echte Beziehung ausschließt.

Das Kritisieren von Mitarbeitern:

Im Prinzip nach ähnlichen Regeln funktioniert auch das richtige, das heißt effektive *Kritisieren* von Mitarbeitern. Manchmal lohnt in dem Zusammenhang ja auch der Blick in andere Länder und Kulturen. Geradezu beispielhaft scheint mir in dieser Hinsicht das von den Engländern entwickelte Modell des »Praise-Burgers« zu sein (englisch für »Lob-Burger«). Es funktioniert folgendermaßen:

– Wenn Sie einen Mitarbeiter kritisieren wollen, ohne ihn zu demotivieren, bitten Sie ihn zu einem Vier-Augen-Gespräch in Ihr Büro.
– Loben Sie ihn für etwas, was Sie wirklich positiv an ihm finden, und bauen Sie so den Kontakt zu ihm auf. (Das ist die erste Hälfte des Brötchens.) Achtung: Keine Lobhudelei, das Lob muss ernst gemeint sein!
– Bringen Sie die Kritik kurz und knackig auf den Punkt. (Das ist die Fleischeinlage.) Keine Nebensätze, sachlich und knapp in der Wortwahl.
– Verabschieden Sie Ihr Gegenüber mit einem weiteren ernst gemeinten und innerlich empfundenen Lob, verbunden mit einem Auftrag, den Sie zeitlich befristen, und kündigen Sie

an, dass Sie diesen Auftrag zu gegebener Zeit überprüfen werden. (Zweite Hälfte des Brötchens.)
– Das Gespräch sollte nicht mehr als drei Minuten dauern, um die wesentlichen Kernpunkte nicht zu verwässern. Machen Sie freundlich, aber direkt klar, dass Sie jetzt nicht diskutieren, sondern es nur mitteilen wollen. Auch wer dieses Schema kennt, wird sich seiner Wirkung nicht entziehen können.

Wer ist hier der Boss?
Die Chefrolle annehmen und ausfüllen

Frauen als Chefs wollen gemocht werden, Männer bewundert.

Diese Regel finde ich faszinierenderweise in all meinen Seminaren bestätigt. Selbstverständlich ist auch diese Erwartungshaltung meist verdeckt. Keine halbwegs klar denkende Frau würde das so unumwunden zugeben. Und doch gibt es verräterische Anzeichen dafür. Wenn Sie einen oder mehrere der folgenden Glaubenssätze für nachvollziehbar halten, kann es gut sein, dass Sie im Grunde Ihres Herzens ähnlich veranlagt sind:
– Ich halte mich für harmoniebedürftig.
– Ich appelliere stets an das Miteinander; der Teamgeist ist mir das Wichtigste.
– Ich möchte, dass sich meine Mitarbeiter bei mir wohlfühlen.
– Für mich ist es wichtig, dass meine Mitarbeiter den Sinn einer Anordnung voll und ganz verstehen und dem auch zustimmen.

– Ich finde Disziplinierungsmaßnahmen sehr anstrengend; ich möchte es gar nicht so weit kommen lassen.
– Ich vermeide Konfrontationen, weil ich fürchte, dass meine Mitarbeiter dann in die innere Emigration gehen und ihre Freude an der Arbeit verlieren.

Haben Sie sich in einigen Sätzen wiedererkannt? Dann könnte es sein, dass Sie Ihre Rolle als Chefin verweigern! Selbstverständlich ist es schön, wenn Ihre Mitarbeiter sich wohlfühlen; aber das kann nur ein Nebenprodukt, nicht das Ziel sein.

Im Grunde kommt es zu einer Verwechslung: Sie wollen mit Ihren Mitarbeitern befreundet sein; so heben sich Ihre Führungsqualitäten wohltuend von den Cholerikern und Möchtegern-Machos in Ihrer Umgebung ab. Das heißt: Im Grunde mischen Sie zwei völlig verschiedene Bereiche: Freundschaft und Arbeit. Herzlichen Glückwunsch! Sie bezahlen Ihre Freunde dafür, dass sie sich mit Ihnen treffen!

Frauen, die innerhalb einer beruflichen Gruppe eine bestimmte einflussreiche Position einnehmen wollen, kommen um hierarchische Botschaften, adressiert an die beteiligten Männer, nicht herum. Solange Sie nicht geklärt haben, wer die Nummer eins am Tisch ist beziehungsweise dass Sie selbst diesen Rang für sich beanspruchen, müssen Sie damit rechnen, dass während des gesamten Arbeitsvorgangs permanente Putschversuche stattfinden.

Bewährte Putschversuche sind zum Beispiel:
– Zu-spät-Kommen,
– dauerndes Dazwischenquatschen,
– »spontane« private Gespräche über Sport, Wetter usw.,
– »launige« Kommentare und Witze,

– paralleles »Arbeiten« mit Laptop oder Handy,
– Aufreißen der Fenster,
– geräuschvolles Öffnen von Taschen (Klettverschlüsse sind herrlich laut),
– plötzliches Aus-dem-Raum-Gehen und Wieder-Zurück-kommen.[13]

Diese taktischen Manöver sind emotional gesehen für Männer tatsächlich nur ein Spiel. Es wird nicht als beleidigend oder verletzend empfunden, sondern eher als eine Art sportlicher Wettkampf, der aber im Ergebnis eine hohe politische Bedeutung haben kann. Deshalb ist es so wichtig, Putschversuche sofort angemessen zu quittieren, zum Beispiel indem Sie sagen: »So, nachdem auch Herr Müller seine Tasche hat öffnen können, können wir jetzt ja weitermachen.« Im Grunde signalisieren Sie damit den anderen: »Ich habe gesehen, was du gemacht hast. Ich möchte, dass du damit aufhörst. Und ich bin hier der Chef.« Je klarer und eindeutiger Sie auf diese Regelverstöße reagieren, desto entspannter können Sie dabei sein. Und: Vermeiden Sie es, die Spielchen persönlich zu nehmen. Für viele Männer sind diese kleinen Attacken notwendige (!) Orientierungshilfen, mit denen sie sich in ihrer Umgebung verorten können: »Ich habe das ausgetestet, meine Grenzen erlebt, und jetzt bin ich ganz zufrieden damit, dass ich weiß, an welchem Platz in der Gruppe ich mich legitim aufhalte.«

Ihre Mitarbeiter sind weisungsgebundene Arbeitnehmer, und Sie leisten Erhebliches für den Arbeitsfrieden, wenn Sie Ihre Rolle als Chefin akzeptieren und annehmen. Die meisten Mitarbeiterprobleme entstehen dadurch, dass Sie als Chefin nicht anwesend sind, weil Sie vollauf damit beschäftigt sind, die beste Freundin Ihrer Mitarbeiter zu sein. Seien Sie sich darüber im Klaren: Die Chefposition wird nicht leer bleiben, ein Vakuum kommt weder in der Natur noch in der freien Berufswildbahn vor. Wenn Sie nicht auf den Thron steigen, macht das der nächste renitente Mitarbeiter, manchmal sogar der Praktikant. Und der selbst ernannte neue »Chef« wird – wahrscheinlich unbewusst – seine eigenen Grenzen testen. Im Kern überfordern Sie Ihre Mannschaft und verlangen auch von sich Unmögliches. So wie sich viele Eltern heute als die besten Freunde ihrer Kinder begreifen und damit eine wesentliche Aufgabe (anleiten, widerspiegeln, Strukturen vorgeben) nicht erfüllen, sehr zum Leidwesen ihrer Kinder.

Erinnern Sie sich: Welche Chefs waren/sind Ihnen am liebsten?

Die Weicheier, die für jedes Gemeckere ihrer Mitarbeiter Verständnis hatten? Und womöglich irgendwann – viel zu spät – in die Luft gingen und sich hinterher für den Ausbruch auch noch entschuldigen mussten?

Die Moralerpresser, die mit aufgesetzt klingenden Sprüchen à la »Wir sitzen doch alle in einem Boot« ein Einvernehmen erzwingen wollten, das Sie nicht hatten? (»Chef, ich hab da mal eine Verständnisfrage: Wenn wir alle in einem Boot sitzen – warum kriegen Sie dann mehr Gehalt?«)

Also ich hatte für solche »leidenden« Angestellten im Stillen nur Verachtung übrig. Auch in meiner Schulzeit hatte ich am ehesten Respekt vor den Lehrern, die »hart, aber gerecht« waren. Die ganze Sozialpädagogennummer war mir immer lästig.

Kinder haben ein feines Gespür dafür, ob ein Lehrer seine Rolle annimmt und dazu steht oder nicht. Glauben Sie ja nicht, dass dieselben Kinder später als Mitarbeiter diese Fähigkeit verlieren.

Wie wohltuend sind Führungspersonen, die ihre Rolle annehmen und ausfüllen. Das schließt ja Empathie und Mitarbeiterpflege nicht aus. Genau genommen ist es die Grundvoraussetzung dafür. Und eben da haben Frauen erst mal einen großen Nachteil gegenüber den meisten Männern: Deren Verlangen, »bewundert zu werden«, ist ihnen fremd; ja es stößt sie ab. Und es ist auch gar nicht nötig, den (männlichen) Umweg zu gehen, auch wenn der vermeintlich schneller ans Chefziel führt. Eine gründliche Reflexion über die unausgesprochenen Erwartungen an die eigenen Mitarbeiter und die Annahme der Rolle als zupackende, entscheidungsfreudige Chefin reichen vollkommen aus!

Beispiel:

Eine Kaufhausmanagerin hat mir folgende hübsche Geschichte geschenkt: Sie ist Brillenträgerin, und weil ihre Augenstärke über die Jahre gleich geblieben ist, die Moden aber wechselten, hat sie drei unterschiedliche Brillengestelle zur Hand, die sie auch alle benutzt. Ihre Mitarbeiter bekommen sie am ersten Tag ihrer Einarbeitung vorgestellt: Eine randlose »Empathie«-Brille, die unsere Managerin nur aufsetzt, wenn sie ausgeglichen und entspannt ist und auch bereit, sich nervige Beschwerden und Klagen der Mitarbeiter anzuhören. Eine dicke Hornbrille für Konfrontationen, die sie benutzt, wenn sie auf Krawall gebürstet ist und es nach Ärger riecht. Urlaubs- und Gehaltsgespräche sind an solchen Tagen tunlichst zu vermeiden. Und drittens eine eckige Metallbrille, die sie aufsetzt, wenn es um hakelige, juristisch schwierige Situationen geht. Mitunter wechselt sie im Verlauf eines Gesprächs die Brillengestelle, um deutlich zu machen, dass sich gerade die Gesprächstemperatur geändert hat. Sie selber hält sich eisern an diese »Ampelfunktion«. Psychologen sprechen hier von »symbolischer Positionierung«. Die Kaufhausmanagerin berichtete, dass sich seitdem viele hässliche Situationen wie von selbst entspannt hätten. Die meisten Mitarbeiter schätzten, nach einer kurzen Phase des Befremdens, diese klare Ansage sehr.

Viele Zusammenstöße lassen sich vermeiden, wenn Sie Ihren Mitarbeitern klar und entspannt deutlich machen, woran sie sind.

Oder diskutieren Sie mit einer Ampel?

Auch wenn Ihnen dieses Beispiel extrem vorkommen mag, so zeigt es, mit wie geringen Mitteln Sie spielerisch Ihre Position ausfüllen können, wenn Sie bereit sind, Ihre Rolle anzunehmen. Unsere Kaufhausmanagerin berichtet jedenfalls von deutlich geringerem Krafteinsatz seit Einführung dieser symbolischen Positionierung.

Das können Sie tun:

Nehmen Sie Ihre Rolle als Chefin an. Machen Sie sich bewusst, dass Führen auch bedeutet, unliebsame Entscheidungen zu treffen. Dafür werden Sie schließlich (auch) bezahlt.

Vermeiden Sie freundschaftliche Beziehungen zu Ihren Mitarbeitern oder verlagern Sie das »Freundinnen-Sein« strikt auf die Zeit nach der Arbeit. Je sauberer Sie Beruf und Freizeit trennen, desto weniger Disziplinierungsprobleme treten auf. Merke: Nur eine starke Chefin kann eine entspannte Chefin sein.

Mobbing
Was Sie dagegen tun können

Mobbing, also das systematische Quälen anderer, meist wehrloser Menschen aus sadistischer Freude heraus, ist ein weitverbreiteter Volkssport, und das schon seit Urzeiten. Aus Sicht des Angreifers eignet es sich hervorragend, um persönlichen Frust abzubauen und eigene Unsicherheiten zu kaschieren. »Ich weide mich an der Verzweiflung und der Not anderer Menschen und fühle mich dadurch besser, egal wie dreckig es mir selber geht.« Deswegen ist auch der Bedarf nach Komödien schier unersättlich: Je verzweifelter die Personen auf der Bühne, im Kino oder im Fernsehen in große Schwierigkeiten geraten, je hilfloser sie nach Auswegen und Ausreden suchen und je gnadenloser sie immer wieder scheitern, desto entspannter kann ich mich zurücklehnen: »Mir geht's ja noch gold.«

Comedy ist Krieg.
Woody Allen

Das war schon im alten Rom so, wenngleich die Methoden da noch ein bisschen ruppiger waren: Beim berühmten »Brot und Spiele« wurden Menschen wilden Tieren zum Fraß vorgeworfen. Hatte man angeekelt und fasziniert zugleich den Todeskandidaten beim Verrecken zugeschaut, konnte man entspannt nach Hause gehen. »Das Leben ist doch gut zu mir.«

Nun, ganz so rustikal geht es bei uns nicht mehr zu, obwohl ich nicht sicher bin, ob so eine Veranstaltung (wenn sie denn erlaubt wäre) bei aller moralischen Empörung nicht doch glänzend besucht wäre. Die Masse der Castingshows im Fernsehen erinnert an diese alte römisch-dekadente Haltung. Je zynischer mit den Kandidaten umgegangen wird, desto höher die Einschaltquote. Das kann kein Zufall sein. Auch wenn es hart klingt: Es bereitet vielen Menschen ein gutes Gefühl, wenn sie andere Menschen scheitern sehen. Es entspannt sie. Es macht sie weniger unsicher ihrer Umwelt gegenüber.

Bevor wir im Verlauf der Jahrhunderte Kulturtechniken gelernt haben, die das Zusammenleben erträglicher gestalteten, waren wir Menschen mit archaischen Instinkten. Diese Instinkte sind nur verdeckt, aber immer noch vorhanden. Daran ändern auch noch so viel Bildung, Zivilisation und Moral gar nichts.

Sicher kennen Sie auch in Ihrem Bekanntenkreis Menschen, die immer wieder gemobbt werden, und Menschen, denen das nahezu nie passiert. Ist das Zufall? Oder Schicksal? Weder noch, es hat meiner Meinung nach mit einer Gemeinsamkeit zu tun, die der Mobber und das Mobbingopfer teilen: eine große Unsicherheit dem Leben und den Mitmenschen gegenüber. Über diese unausgesprochene Gemeinsamkeit zieht das Mobbingopfer den Mobber magnetisch an, ein unheilvoller Kreislauf beginnt: Die Unsicherheit, die dafür verantwortlich war, vom Mobber »ausgewählt« worden zu sein, wird natürlich durch die Angriffe noch verstärkt, und dadurch wächst die Anziehung weiter.

Eine Freundin von mir, die (beruflich) viel mit Mobbing zu tun hat, brachte es auf den Punkt: Mobber sind Energie-Vampire, die von der Hilflosigkeit anderer leben. Diese Hilflosigkeit drückt sich in der Körperhaltung, der Sprache, Gestik und Mimik des Opfers aus. Deshalb sind auch alle Appelle an den Mobber, alle Durchhalteparolen an das Opfer vor allem gut gemeint – aber völlig nutzlos.

Die meisten Mobbingopfer sind sich über ihre Lage völlig im Klaren. Sie wissen, dass sie sich wehren sollten. Sie wissen, dass sie dem Angreifer unmissverständlich klarmachen sollten, wo seine Grenze ist: »Ich lasse nicht zu, dass du mich so behandelst. Das akzeptiere ich nicht, niemals.« Sie wissen, dass eine fehlende (angemessene) Reaktion wie eine offizielle Einladung wirkt, mit dem Mobbing weiterzumachen: »Die lässt sich ja alles gefallen.«

Es ist eben keine intellektuelle Übung, die diesen destruktiven Prozess stoppen kann – sondern es geht um Energie. Wenn Sie also von so einem Phänomen betroffen sind, machen Sie sich bewusst: Sie müssen es nicht alleine tun! Wenn bei mir eingebrochen wird, hole ich ja auch die Polizei. Also holen Sie sich zuallererst Unterstützung, um die Energiebilanz zu verändern. Nutzen Sie die freien Beratungsangebote, die es auch in Ihrer Gemeinde gibt. Wenn Sie sich Hilfe geholt haben und diesem Phänomen nicht mehr alleine gegenüberstehen, dann ist Abwehr klasse, aber eben erst dann. Außerdem sind folgende Schritte hilfreich:

**1. Erinnern Sie Ihren Arbeitgeber daran,
dass er eine Sorgfaltspflicht Ihnen gegenüber hat.**
Fordern Sie sie ein. Auch der Betriebsrat muss tätig werden, wenn Sie ihn informieren. Übrigens: Mobbing ist ein Kündigungsgrund. Von daher wird niemand zugeben, dass er Sie gemobbt hat. Das ist auch nicht nötig. Wichtiger ist, dass die Angriffe aufhören.

2. Machen Sie die Angriffe öffentlich.

Fragen Sie in großer Runde, wenn auch Nichtbeteiligte anwesend sind: »Ist es Teil der Firmenkultur, das Mitarbeiter so wie ich jetzt behandelt werden?« Dadurch erhöhen Sie den moralischen Druck.

3. Dokumentieren Sie die Angriffe, führen Sie ein Mobbing-Tagebuch.

Aber Achtung: Bewahren Sie es nicht in der Firma auf, sondern zu Hause.

4. Viele Handys haben inzwischen eine Funktion, Sprachmemos aufzunehmen.

Tun Sie so, als wollten Sie als Übersprunghandlung E-Mails checken, und aktivieren Sie den Voice Recorder. Selbstverständlich ist das illegal. Aber sollte es zu einer Gerichtsverhandlung kommen, wird Ihnen kein Richter deswegen Schwierigkeiten machen (Güterabwägung). Und Sie haben einen glasklaren Beweis.

5. Stellen Sie jede Scham ein.

Die Frage »Warum passiert das ausgerechnet mir?« lähmt Sie und bringt Sie nicht weiter. Ihre Scham spielt dem Angreifer in die Hände und macht ihn stärker. Also hören Sie auf, sich zu schämen. Sonst stärken Sie nur den Energie-Vampir.

6. Geben Sie jede Hoffnung auf Deeskalation und Befrie-dung auf.

Jetzt ist nicht die Zeit für Friedensverhandlungen, sondern für das Einfordern von Respekt. Friedensangebote vor der Zeit werden leicht als Unterwerfungsgeste und Aufforderung zu weiteren Attacken missverstanden.

7. Bleiben Sie konsequent bei Ihrer unbequemen Haltung, auch wenn zwischendurch vermeintlich Frieden eingekehrt ist.

Bleiben Sie wachsam! Oft zieht sich ein Angreifer nur zurück, macht Pause und vertuscht oder verharmlost seine Absichten, um dann später umso härter zuzuschlagen. Vor jedem neuen Angriff gibt es kleine Testballons, mit denen Ihre Verteidi-gungsbereitschaft überprüft wurde. Wenn es neue Angriffe gibt, haben Sie diese Zeichen nicht angemessen beantwortet.

Ehrlicherweise muss man sagen, dass ritualisiertes Mobbing, das möglicherweise schon länger besteht, auch mit den oben genannten Maßnahmen nur schwer zu stoppen ist. Das liegt einfach daran, dass sich die Gruppe inzwischen an die Existenz eines Sündenbocks gewöhnt hat. So ein Sündenbock hat für die Gruppe nur Vorteile: Da die Schuldfrage von vornherein geklärt ist, kann der Rest der Gruppe effektiver arbeiten. Und jeder in der Gruppe spürt instinktiv: Wenn Sie aus dieser undankbaren Rolle entlassen werden (müssten), weil Sie sich zu heftig wehren, dann wird die Position neu besetzt. Da diesen Job verständlicherweise niemand haben will, wird die Gruppe sich gegen jede mögliche Veränderung wehren. Und alles tun, um Sie in dieser Position zu halten. Wenn die Beschreibung auf Ihre Situation zutrifft, sollten Sie sich überlegen, die Abteilung oder die Firma zu wechseln.

Etwas Besseres als den Tod finden wir überall.
Bremer Stadtmusikanten

Und wenn Sie einen Wechsel vollzogen haben, sorgen Sie dafür, dass Ihre versteckten unbewussten Einladungen zum Mobbing aufhören. Achten Sie auf die Energie, die Sie ausstrahlen, reagieren Sie entspannt, aber klar auf jeden Versuchsballon. Sorgen Sie dafür, dass Sie respektiert werden und nicht gemocht. Das ist die beste Lebensversicherung gegen neues Mobbing.

Coaching
Die Verabredung zum Siegen

Viele Problemfelder, die Sie für sich identifiziert haben, sind »mit Bordmitteln« zu beheben, also durch aufmerksame Selbstbeobachtung und innere Zwiesprache. Für manche Baustelle ist aber externer Sachverstand, also ein neutraler Blick von außen nötig und hilfreich. Und ich wünsche eigentlich allen, dass sie sich selbst die Chance geben und mal den Segen einer kurzfristigen Coachingarbeit kennenlernen.

Wenn Sie sich einen Coach/Therapeuten suchen (die Berufsfelder sind nicht klar voneinander abgrenzbar), dann sind Sie weder »krank« noch »verrückt« oder »nicht normal«, sondern Sie leisten sich das Privileg, mit einem erfahrenen Scout in Ihr Seelenerleben einzusteigen. Und das kann Sie enorm bereichern und voranbringen.

In den letzten Jahrzehnten sind einige sehr effektive, unkonventionelle Coachingmethoden entwickelt worden, von denen ich die wichtigsten hier kurz vorstellen will. Grundsätzlich gilt bei jeder Art von Coaching/Therapie: Hören Sie auf Ihr Bauchgefühl, speziell im ersten Kontakt. Der Coach muss Ihnen sympathisch sein und darf keine Widerstände in Ihnen auslösen. Wenn Sie in einem Gebiet, das sowieso mit Ängsten behaftet ist, auch noch persönliche Aversionen Ihrem Reisebegleiter gegenüber haben, belasten Sie Ihre eigene Arbeit unverhältnismäßig. Die Auswahl an guten Leuten ist groß – also wenn Sie mit dem ersten Menschen nichts anfangen können, nicht entmutigen lassen, sondern weitersuchen. Die richtige Wahl des Reisebegleiters ist Teil der Reise.

1. Familienaufstellung oder das Familienstellen

ist schon länger »auf dem Markt« und zu Recht in aller Munde. Bert Hellinger hat diese Methode bekannt gemacht. Nachdem die Problemstellung klar ist, werden in einer Gruppe von Menschen sogenannte Stellvertreter zum Beispiel für Ihre Ursprungsfamilie aufgestellt. Sie bilden ein Bild, eine Skulptur, das es Ihnen ermöglicht, von außen auf Ihre Familie zu schauen.

Das Beeindruckende dabei ist, dass die Stellvertreter die Körperhaltungen, die Mimik und sogar die Wortwahl (!) der Personen übernehmen können, für die sie stehen, obwohl die Stellvertreter diese Menschen gar nicht kennen. Hellinger spricht von einem »wissenden Feld«, an das die Stellvertreter angeschlossen sind und so ein Energiefeld deutlich machen können. Je nach Qualität des Familienstellers können sehr berührende, tief greifende Bewegungen in Ihnen ausgelöst werden, die anschließend zum Teil frappierende Auswirkungen auf Ihr alltägliches Leben haben können.

Natürlich gibt es auch bei dieser Arbeit gute und schlechte Leute – wie überall. Ich persönlich habe mehrfach bei verschiedenen Aufstellern mit dieser Methode gearbeitet und kann nur Gutes berichten. Die vehementesten Kritiker kennen die Methode meist nur oberflächlich. Für nähere Informationen gibt es ein gutes Taschenbuch von Bertold Ulsamer, *Ohne Wurzeln keine Flügel.*

2. EMDR

steht für Eye Movement Desensitization and Reprocessing,
ist etwas unbekannter, aber ähnlich effektiv und ebenfalls auf
jeden Fall zu empfehlen.

Es ist eine sehr wirksame Traumatherapie, die nach ein paar
Stunden Vorbereitung innerhalb kurzer Zeit tief sitzende und
lange zurückliegende traumatische Erlebnisse nachhaltig auf-
lösen kann. Ich weiß, es klingt unglaublich, aber ich habe es
selbst erlebt.

Vereinfacht gesagt benutzt diese Methode die REM-Phasen (Rapid Eye Movement), die jeder Mensch im Schlaf hat
und die zur Stressbearbeitung extrem wichtig sind. Diese
REM-Phasen dienen unter anderem dazu, die Erlebnisse des
Vortags im Schlaf zu verarbeiten. Nun gibt es aber auch Traumata, die so heftig sind, dass die wenigen REM-Phasen im
Schlaf nicht ausreichen, sie entsprechend »abzuspeichern«.
Dann geistern diese Traumata wie »Schadprogramme« durch
die »Festplatte« (das Gehirn) und können unkontrolliert ausgelöst werden und einen Menschen in bestimmten Situationen beeinträchtigen. Durch Nachahmung dieser REM-Phase
kann es in verblüffend kurzer Zeit gelingen, ein solches
Trauma aufzulösen und im Alltag leichter handhabbar zu machen. Der biografische Schmerz bleibt, aber der Umgang damit ist ein völlig anderer.

Weiterführende Informationen etwa unter:
www.emdria.de

3. Psycho-Kinesiologie

ist schlicht gesagt ein Muskeltest, der das Körpersystem befragt, ob eine Behauptung das System schwächt oder stärkt.

So können Sie für die komplexesten Vorgänge sehr präzise Antworten bekommen, denn Ihr Körper weiß die Antwort, auch wenn sie für den Verstand unerreichbar ist. Da der Körper aber nicht reden kann, kann er nur anhand dieses Muskeltests »schwächt mich« oder »stärkt mich« anzeigen. Geübte Kinesiologen bekommen damit die erstaunlichsten Fakten heraus, sowohl den Körper als auch die Psyche betreffend. (Dann spricht man von Psycho-Kinesiologie.) Auch erste Lösungsansätze sind damit erkennbar, störende Glaubenssätze können nachhaltig aufgelöst werden.

Weiterführende Informationen zum Beispiel unter: www.ink.ag

4. Wing Wave

ist eine gelungene Mischung, eine Kombination aus den beiden eben vorgestellten Methoden EMDR und Kinesiologie. Damit schlagen Sie zwei Fliegen mit einer Klappe. Es wird überwiegend im Coaching verwendet und kann in wenigen Stunden große Erleichterung verschaffen.

Weiterführende Informationen etwa unter: www.wingwave.com.

GEGENDARSTELLUNGEN

Schon vor Erscheinen des Buches haben mich zahlreiche zustimmende, aber auch widersprechende Kommentare erreicht. Das hat mich eigentlich am meisten erstaunt und gefreut, dass das Manuskript schon vor Drucklegung (bei den Menschen, denen ich den Text zur Verfügung gestellt habe) so kontrovers diskutiert wird. Ich finde ja auch vehemente Ablehnung wunderbar. Zeigt es doch, dass die vorgestellten Thesen niemanden gleichgültig lassen.

Zwei Widersprüche, einen von einem Mann, einen von einer Frau, möchte ich Ihnen vorstellen, weil sie Meinungen repräsentieren, die ich für exemplarisch halte.

Der erste ist der Brief eines Schauspielkollegen von mir, ein sehr netter Bursche, dem zumindest in seinen Rollen ein gewisses Machoverhalten anhaftet. Auch privat steht er nicht im Verdacht, übermäßig viel Verständnis für die weiblichen Nöte aufzubringen.

Hier seine ungefilterte Meinung:

Hallo Mädels!
Also allein den Titel dieses Buches Böse Mädchen kommen in die Chefetage *finde ich ziemlich lächerlich. Was soll das denn heißen, »böse Mädchen«? Ich sehe da kleine süße Ladys, die krampfhaft versuchen, ein bisschen tiefer zu sprechen und ein bisschen wichtiger zu wirken. Ich kann euch aus meiner Erfahrung sagen: Vergesst es. Dieses ganze Pseudotamtam, dieses ganze Trainingsgetue wird niemandem nutzen. Was erhält man, wenn*

man ein ängstliches Würstchen trainiert? Ein trainiertes ängstliches Würstchen! Es ändert nichts an der Gestalt, es ändert nichts an der Person. Und der Krampf macht euch unsexy und unlocker. Wollt ihr das? Das Beste wird sein, das ist jedenfalls meine Meinung, ihr bleibt in dem Bereich, in dem ihr euch gut auskennt, schaut freundlich drein, seht hübsch aus und lasst die anderen machen. Ich sag's mal, wie's ist: Wenn der liebe Gott gewollt hätte, dass Schweine fliegen können, hätte er ihnen Flügel gegeben. Nix für ungut.

XY

(Seinen Namen wollte er aus verständlichen Gründen nicht veröffentlicht sehen. Direkte Antworten auf seinen Brief leite ich aber gerne weiter.)

Der zweite Brief stammt von einer Frau, die sich erstaunlicherweise genauso vehement wie der Mann im vorherigen Brief gegen das Prinzip dieses Buches gewandt hat, und sie begründet ihren Widerstand so:

Lieber Herr Herkenrath,
ich habe Ihr Manuskript mit Interesse gelesen und möchte Ihnen gerne sagen, dass ich neben einigen schönen Sätzen, die ich darin gefunden habe, auch vieles gelesen habe, was ich ausgesprochen falsch, wenn nicht sogar gefährlich finde. Ich glaube nicht an Trainings. Ich glaube nicht daran, dass sich Menschen wirklich verändern. Ich glaube daran, dass sie im Kern immer die bleiben, die sie von Anfang an gewesen sind. Ich könnte Ihnen zahlreiche Beispiele nennen; Sie kennen, wenn Sie ehrlich sind, genauso viele. Ich selber leide sehr unter den von Ihnen so treffend beschriebenen Alphatieren, habe aber jedenfalls für mich noch keinen Hebel gefunden, wie ich das ändern kann. Jetzt finde ich mich mit den Unge-

rechtigkeiten ab. Das wirkt sich auf meine private Wohlfühlbalance sehr positiv aus.

Sie sind von dem Glauben beseelt, dass Menschen etwas verändern können, wenn sie es nur wollen. Ich erfahre tagtäglich, dass diese Veränderungen gar nicht oder nur unter schwierigen Bedingungen möglich sind. Das Wort »mühsam« umschreibt den Prozess und die Schmerzen nur andeutungsweise. Eine aufreibende und beschwerliche Reise mit ungewissem Ausgang: Ich glaube ehrlich gesagt nicht, dass es das wert ist. Und ich finde auch, dass Sie den Frauen falsche Hoffnungen machen. Die Enttäuschung nach einem möglichen Misserfolg möchte ich mir jedenfalls ersparen.

Mit freundlichem Gruß
Ihre XX

Ist es nicht erstaunlich, wie einig sich die beiden im Kern sind, obwohl sie nun wirklich aus verschiedenen Welten kommen? Vielleicht verkörpern sie tatsächlich ein wichtiges Prinzip. Deshalb habe ich mich auch entschlossen, ihnen und ihren Meinungen Platz in meinem Buch einzuräumen. Nicht weil ich ihre Haltung teile, sondern weil diese Anschauungen in der Welt verbreitet sind und ich mich dazu verhalten muss, egal, ob ich ihnen zustimme oder nicht.

Der Standpunkt »Es ist so, wie es ist, und niemand kommt aus seiner Haut« scheint mir rückwärtsgewandt und falsch. Seitdem wir Menschen ein nennenswertes Bewusstsein entwickelt haben, passiert genau das: Entwicklung. Dazu ist bei allen Erfindungen, allen äußeren und inneren Entdeckungen neben Glück auch immer Hartnäckigkeit, Geduld und langer Atem nötig. Wir überschätzen so maßlos, was wir in zwei Tagen erreichen können – und unterschätzen, was uns in sechs Monaten kontinuierlichen Dranbleibens möglich ist.

Thomas A. Edison hat 5000 Versuche benötigt, um die Glühbirne zu erfinden. Hätte er vorher aufgegeben, säßen wir heute noch im Dunkeln. Darauf angesprochen, ob das nicht furchtbar frustrierend war, immer wieder zu scheitern, antwortete er erstaunt: »Nein, warum denn? Ich habe ja 5000 Arten rausgefunden, wie es nicht geht.«

Vielleicht, liebe Leserin, werden Sie auch ein paar Wege entdecken, die nicht zum Ziel führen, ein paar Mal enttäuscht sein, dass es nicht so klappt, wie Sie sich das wünschen. Wenn Sie wach bleiben dabei, werden Sie trotzdem jedes Mal etwas gelernt haben. Mir hat diese Logik noch nie eingeleuchtet: Warum soll ich einen Versuch mit ungewissem Ausgang nicht wagen, nur um eine mögliche Enttäuschung zu vermeiden? Ich bin schon groß, ich kann Enttäuschung überleben!

Aber die Gewissheit, dass sich nichts ändert, wenn ich es nicht wenigstens versuche, ist für mich schwer zu ertragen. Wenn es Ihnen wirklich wichtig ist, kommen Sie vielleicht nicht da an, wo Sie anfangs hinwollten. Aber mit Sicherheit endet die Fahrt auch nicht da, wo Sie gestartet sind. In diesem Sinne wünsche ich Ihnen eine gute Reise.

NACHWORT UND DANK

Dieses Buch wäre niemals entstanden, hätten mir nicht viele, viele Menschen immer wieder Mut gemacht. Wie wahrscheinlich die meisten Autoren hatte ich mit zahlreichen Selbstzweifelattacken (»Woher nimmst du eigentlich deinen traurigen Mut?«), Schreibblockaden (»Hilfe, mir fällt nix mehr ein!«) bis hin zu Selbsthassanfällen (»Völlig unnützes Zeug!«) zu kämpfen. Auch hier hat mir die Unterdruck-Methode (siehe das Kapitel »Die Unterdruck-Methode – Eine Anleitung zum kontrollierten Wachstum«) sehr geholfen.

Deshalb gilt mein besonderer Dank all denjenigen, die mir immer wieder den Rücken gestärkt haben. Allen voran meiner Zwillingsschwester Marion Finck, die wahrscheinlich die meisten Versionen des Manuskripts gelesen hat und mir immer wieder Mut machte, wo ich mich schon im Abseits wähnte. Ariane Hoppler gilt mein Dank dafür, dass sie mir die Idee gab, meine Erfahrungen in den Seminaren in eine Buchform zu bringen, und für viele weitere Hinweise. Christina Sothmann, Dagmar Puchalla und Marion Elskis danke ich für viele Anregungen in unterschiedlichen Phasen des Schreibens. Meiner Agentin Doris Mendlewitsch danke ich dafür, dass sie in dem halb fertigen Manuskript eine Chance sah und mir in unglaublich kurzer Zeit drei Angebote (!) von verschiedenen Verlagen besorgte. Ich danke meinen beiden Lektorinnen – Berrit Barlet für ihre entspannte und gleichzeitig wachsame Haltung, die mir viel von meinem Druck genommen hat, und Claudia Böhm für unvergessliche Kämpfe, die das Buch immer wieder ein Stück weitergebracht haben. Meiner Redakteurin Dunja Reulein danke ich für ihre unerschrockenen, offenen Kommentare und einen nüchternen Blick.

Und last but not least danke ich allen Seminarteilnehmerinnen für ihre Bereitschaft, sich zu öffnen, an sich zu arbeiten und mich als zeitweiligen Begleiter zu akzeptieren. Ich habe in den Seminaren sehr viel lernen dürfen. Was für ein Privileg!

Geneigte Leserin, ich kann es selber kaum fassen, nach zweieinhalb Jahren Arbeit liegt mein Manuskript heute fertig vor mir. Es war eine Reise, auch für mich. Es ging um Vertrauen, Vertrauen in meine Fähigkeiten. Kann ich das, ein ganzes Buch schreiben? Ich habe in dieser Zeit viel nachgedacht, nachgespürt über dieses eigentümliche Ding: Vertrauen. Wie funktioniert das eigentlich? Und: Wie kann ich Vertrauen (zu mir) schaffen?

Meine Quintessenz ist heute: Vertrauen kann ich mir nicht verdienen. Ich kann es nur geschenkt bekommen. Es ist für den, der es bekommt, ein passiver Vorgang. Und jetzt danke ich Ihnen für Ihr Vertrauen, das Sie mir geschenkt haben, ohne dass ich es verdient hätte. Dass Sie mir gefolgt sind bis hierher.

Ich hoffe, Sie konnten ein paarmal lachen. Lachen ist so wichtig und relativiert die Dinge in einem guten Maß. Manches, was Sie hier gelesen haben, war vielleicht ärgerlich für Sie, manches kryptisch, manches rätselhaft. Was hat Sie inspiriert, was hat Sie nachdenklich gemacht, was finden Sie unvollständig? Schreiben Sie mir. Ich freue mich über jede Kritik oder Anregung. Und auch bei Lob müssen Sie sich nicht künstlich zurückhalten, das halte ich inzwischen aus.

Unter mail@herkenrath-training.de erreicht mich Ihre Post in jedem Fall.

Mit der Selbstermächtigung (und Vertrauen zu schenken heißt in die Selbstermächtigung gehen) ist es wie mit dem »Domino Day«: Erst fallen ein paar Steinchen, und dann werden es immer mehr. Steinchen, die vorher noch den Weg verbaut haben, sind plötzlich gefallen, sind weg und eröffnen den Blick auf die nächsten Steinchen. Hört das irgendwann auf? Ist irgendwann das Feld leer? Ich weiß es nicht, ich bin noch nicht am Rande angelangt. Bei mir jedenfalls zeigen sich immer noch mehr von diesen Dingern.

Das letzte Wort auf dieser Reise soll der von mir sehr verehrte Kollege Charlie Chaplin haben, dessen Rede zu seinem 70. Geburtstag mir zugeflogen ist.

Als ich mich selbst zu lieben begann

Als ich mich selbst zu lieben begann,
habe ich verstanden, dass ich immer und bei jeder Gelegenheit,
zur richtigen Zeit am richtigen Ort bin und dass alles, was geschieht,
richtig ist – von da an konnte ich ruhig sein.
Heute weiß ich: Das nennt man *Vertrauen.*

Als ich mich selbst zu lieben begann,
konnte ich erkennen, dass emotionaler Schmerz und Leid nur Warnungen für mich sind, gegen meine authentische Wahrheit zu leben.
Heute weiß ich: Das nennt man *authentisch sein.*

Als ich mich selbst zu lieben begann,
habe ich verstanden, wie sehr es jemanden beleidigen kann,
wenn ich versuche, diesem Menschen meine Wünsche
aufzudrücken,
obwohl ich wusste, dass die Zeit nicht reif war und
der Mensch nicht bereit, und auch wenn ich selbst dieser
Mensch war.
Heute weiß ich: Das nennt man *Respekt*.

Als ich mich selbst zu lieben begann,
habe ich aufgehört, mich nach einem anderen Leben zu
sehnen,
und konnte sehen, dass alles um mich herum
eine Aufforderung zum Wachsen war.
Heute weiß ich: Das nennt man *Reife*.

Als ich mich selbst zu lieben begann,
habe ich aufgehört, mich meiner freien Zeit zu berauben.
Heute mache ich nur das, was mir Spaß und Freude macht,
was ich liebe und was mein Herz zum Lachen bringt,
auf meine eigene Art und Weise und in meinem Tempo.
Heute weiß ich: Das nennt man *Ehrlichkeit*.

Als ich mich selbst zu lieben begann,
habe ich mich von allem befreit, was nicht gesund für mich
war,
von Speisen, Menschen, Dingen, Situationen und von allem,
das mich immer wieder hinunterzog, weg von mir selbst.
Anfangs nannte ich das »gesunden Egoismus«.
Heute weiß ich: Das ist *Selbstliebe*.

Als ich mich selbst zu lieben begann,
habe ich aufgehört, immer recht haben zu wollen,
so habe ich mich weniger geirrt.
Heute habe ich erkannt: Das nennt man *Demut*.

Als ich mich selbst zu lieben begann,
habe ich mich geweigert, weiter in der Vergangenheit zu
leben
und mich um meine Zukunft zu sorgen.
Jetzt lebe ich nur noch in diesem Augenblick, wo *alles*
stattfindet.
So lebe ich heute jeden Tag und nenne es *Bewusstheit*.

Als ich mich selbst zu lieben begann,
da erkannte ich, das mich mein Denken
armselig und krank machen kann.
Als ich jedoch meine Herzenskräfte anforderte,
bekam der Verstand einen wichtigen Partner.
Diese Verbindung nenne ich heute *Herzensweisheit*.

Wir brauchen uns nicht weiter vor Auseinandersetzungen,
Konflikten und Problemen mit uns selbst und anderen zu
fürchten,
denn sogar Sterne knallen aufeinander, und es entstehen
neue Welten.
Heute weiß ich: Das ist *Leben*.

ANHANG

Literatur

Sie werden es sicher schon bemerkt haben: Ich liebe Aphorismen. Ich sauge sie auf wie ein Staubsauger. Wenn ich den einen oder anderen Autor nicht richtig zitiert haben sollte oder der Verfasser womöglich ein anderer ist, bitte ich jetzt schon um Nachsicht und freue ich mich über eine kurze Information.

Was ich in diesem Buch beschrieben habe, ist selten wirklich neu oder zum ersten Mal vorgestellt worden. Ich beschäftige mich seit sechs Jahren ausführlich mit diesem Thema und sammle vieles, was mir begegnet. Manches gerät in Vergessenheit und taucht nach Jahren plötzlich als neuer Gedanke wieder auf. Vielleicht sind nur die Zusammensetzung und die Perspektive, also die Form, neu. Ich erhebe nicht den Anspruch auf Urheberschaft. Wir alle sind Zwerge auf den Schultern von Riesen.

Folgende Bücher haben mich bei meinem Thema inspiriert, bereichert, berührt, nachdenklich gemacht oder zum Widerspruch herausgefordert: Ein Anspruch auf Vollständigkeit erhebt diese Aufzählung nicht.

Bach, George R.; Wyden, Peter: *Streiten verbindet*, Fischer, Frankfurt 1994.

Behrendt, Greg und Tuccillo, Liz: *Er steht einfach nicht auf Dich!*, Blanvalet, München 2006.

Berckham, Barbara: *Judo mit Worten*, Kösel, München 2010.

Berne, Dr. Eric: *Spiele der Erwachsenen*, Rororo, Reinbek 1972.

Cameron, Julia: *Der Weg des Künstlers*, Knaur, München 2009.

Dowling, Colette: *Der Cinderella-Komplex*, Fischer, Frankfurt 1982.

Dreikurs, Rudolf: *Kinder fordern uns heraus*, Klett-Cotta, Stuttgart 2005.

Hellwig, Mike: *Die Kraft deines inneren Kindes*, Lüchow, Stuttgart 2009.

Koidl, Roman Maria: *Scheißkerle*, Hoffmann und Campe, Hamburg 2010.

Modler, Peter: *Das Arroganz-Prinzip*, Krüger, Frankfurt 2010.

Pausch, Randy: *Last Lecture*, Bertelsmann, München 2008.

Servan-Schreiber, David: *Die Neue Medizin der Emotionen*, Goldmann, München 2006.

Smothermon, Ron: *Das Mann/Frau Buch: Die Transformation der Liebe*, Context, Bielefeld 1988.

Smothermon, Ron: *Drehbuch zur Meisterschaft im Leben*, Context, Bielefeld 1989.

Spezzano, Chuck: *Wenn es verletzt, ist es keine Liebe*, Goldmann, München 2005.

Sutton, Robert I.: *Der Arschloch-Faktor*, Hanser, München 2006.

Tannen, Deborah: *Du kannst mich einfach nicht verstehen*, Goldmann, München 2004.

Tolle, Eckhart: *Eine neue Erde*, Arkana, München 2005.

Weidner, Jens: *Die Peperoni-Strategie*, Campus, Frankfurt 2005.

Williamson, Marianne: *Rückkehr zur Liebe*, Arkana, München 1995.

Zurhorst, Eva-Maria und Wolfram: *Liebe dich selbst und freu dich auf die nächste Krise*, Goldmann, München 2007.

Seminare

Lutz Herkenrath leitet Seminare und hält Vorträge zu folgenden Themen:

Böse Mädchen kommen in die Chefetage
Erfolg mit Biss – Die Peperoni-Strategie
Das Geheimnis der Ausstrahlung – Ist Charisma lernbar?

Die aktuellen Termine für seine Seminare und Vorträge finden Sie unter: www.herkenrath-training.de/termine

Anmerkungen

1 Vgl. Cameron, Julia: *Der Weg des Künstlers*, Knaur, München 2009, S. 114.

2 Tolle, Eckhart: *Bewusstseinssprung anstelle von Selbstzerstörung*, Arkana, München 2005, S. 172.

3 Vgl. Tannen, Deborah: *Du kannst mich einfach nicht verstehen*, Goldmann, München 2004.

4 Vgl. Modler, Peter: *Das Arroganz-Prinzip*, Krüger, Frankfurt 2010.

5 Vgl. Der Spiegel, Nr. 39/2008, S. 60.

6 Vgl. Smothermon, Ron: *Das Mann/Frau Buch: Die Transformation der Liebe*, Context, Bielefeld 1988.

7 Vgl. Cameron, Julia: *Der Weg des Künstlers*, Knaur, München 2009.

8 Saint-Exupéry, Antoine de: *Die Stadt in der Wüste*, Karl Rauch Verlag, Düsseldorf 2009.

9 Vgl. Cameron, Julia: *Der Weg des Künstlers*, Knaur, München 2009.

10 Vgl. Modler, Peter: *Das Arroganz-Prinzip*, Krüger, Frankfurt 2010.

11 Vgl. Cameron, Julia: *Der Weg des Künstlers*, Knaur, München 2009.

12 Hellinger, Bert: *Verdichtetes*, Carl Auer Verlag, Heidelberg 2008, S. 24.

13 Vgl. Modler, Peter: *Das Arroganz-Prinzip*, Krüger, Frankfurt 2010.